iT邦幫忙 鐵人賽

博碩文化

U0077643

爬蟲在手 資料我有

堂課學會高效率Scrapy爬蟲

第11屆
iT邦幫忙
鐵人賽
優選
iThome

淺入深了解Scrapy爬蟲框架，讓你從零開始建立高效率爬蟲

自學網路爬蟲沒問題，手把手教學讓你無痛上手
完整的網路爬蟲和Scrapy知識，資料取得更輕鬆
學會各種套件和實作範例，讓你的爬蟲比別人更有效率

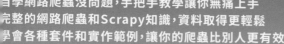 本書提供線上範例檔

簡學群 ———— 著

作　　　者：簡學群
責任編輯：偕詩敏

董 事 長：陳來勝
總 編 輯：陳錦輝

出　　　版：博碩文化股份有限公司
地　　　址：221 新北市汐止區新台五路一段 112 號 10 樓 A 棟
　　　　　　電話 (02) 2696-2869　傳真 (02) 2696-2867

發　　　行：博碩文化股份有限公司
郵撥帳號：17484299　戶名：博碩文化股份有限公司
博碩網站：http://www.drmaster.com.tw
讀者服務信箱：dr26962869@gmail.com
訂購服務專線：(02) 2696-2869 分機 238、519
（週一至週五 09:30 ～ 12:00；13:30 ～ 17:00）

版　　　次：2021 年 3 月初版

建議零售價：新台幣 450 元
Ｉ Ｓ Ｂ Ｎ：978-986-434-743-8
律師顧問：鳴權法律事務所 陳曉鳴律師

本書如有破損或裝訂錯誤，請寄回本公司更換

國家圖書館出版品預行編目資料

爬蟲在手 資料我有：7 堂課學會高效率
Scrapy 爬蟲 / 簡學群著 . -- 新北市：博碩文
化股份有限公司，2021.03
　　面；　公分-- (iT邦幫忙鐵人賽系列書)

ISBN 978-986-434-743-8(平裝)

1.Python(電腦程式語言)

312.32P97　　　　　　　　　　110003523

Printed in Taiwan

歡迎團體訂購，另有優惠，請洽服務專線
博 碩 粉 絲 團　(02) 2696-2869 分機 238、519

商標聲明

本書中所引用之商標、產品名稱分屬各公司所有，本書引用
純屬介紹之用，並無任何侵害之意。

有限擔保責任聲明

雖然作者與出版社已全力編輯與製作本書，唯不擔保本書及
其所附媒體無任何瑕疵；亦不為使用本書而引起之衍生利益
損失或意外損毀之損失擔保責任。即使本公司先前已被告知
前述損毀之發生。本公司依本書所負之責任，僅限於台端對
本書所付之實際價款。

著作權聲明

本書著作權為作者所有，並受國際著作權法保護，未經授權
任意拷貝、引用、翻印，均屬違法。

認識網路爬蟲

從簡單的商品到價提醒,到複雜的輿情警示、圖形辨識,「資料來源」都是基礎中的基礎。但網路上的資料龐大而且更新很快,總不可能都靠人工來蒐集資料。這時候就是爬蟲出場的時候了!爬蟲可以即時抓到網路上的資料,同時做些簡單的前處理後儲存起來,後面再進一步以這些資料來做訊息推播、趨勢預測或模型訓練等應用。

本書內容架構

本書會從爬蟲需要具備的基礎知識開始介紹(第 1 章),逐步帶讀者從簡單的網站(iThelp)開始,練習如何觀察網頁元素來取得目標資料(第 2~3 章),將資料持久化,保存到資料庫中供未來分析使用(第 4 章)。再進一步了解爬蟲實際運作時可能會遇到的反爬蟲手法,並提供更多網站的實戰練習(第 5 章)。

接著會介紹爬蟲框架 Scrapy,説明框架核心架構的運作模式,和選擇這個架構的優點(第 6 章)。最後會把第 5 章練習的爬蟲轉換成 Scrapy 爬蟲,並説明怎麼藉由 Scrapy 架構來增加爬蟲程式的可讀性(第 7 章)。

為何使用 Scrapy

Scrapy 是目前 Python 主流的爬蟲框架,從作者在 iT 邦幫忙鐵人賽撰寫文章開始,到出版此書的短短一年半間,已經有 5 個 minor 版本的更新了(其中更有 1.8.0 到 2.x.x 的大版本更新)。爬蟲的維護成本會隨著來源網站的數量越來越高，如果是使用傳統的純 Python（無框架）的方式來開發，問題將更容易被凸顯出來。作者希望藉由本書讓大家更能認識 Scrapy 框架，少寫一些多餘重複的程式碼，能更有效率的開發爬蟲。

範例學習資源

由於篇幅的關係，針對書中有些較長的程式碼部分，作者只會節錄重要的內容。所有完整的程式碼都可以在作者的 github 上找到：https://github.com/rex-chien/ithome-scrapy。

1 基礎知識

2 爬蟲基礎

3 基礎實戰 – 蒐集 iThelp 文章資料

4 資料持久化

5 進階爬蟲

6 Scrapy 基礎

7

實戰 Scrapy

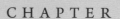

CHAPTER

基礎知識

1.1 安裝開發環境

1.2 網路資料常見的格式

1.1 安裝開發環境

本書使用 Python 3.8.7 版本，到官網下載安裝檔（https://www.python.org/downloads/），建議選擇「Add Python 3.8 to PATH」，安裝後就不需要額外設定環境變數。

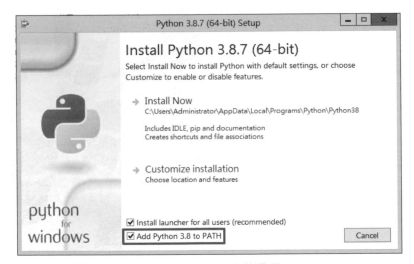

圖 1-1　Python 安裝選項

安裝完成後，打開命令提示字元執行「python –version」確認是否有安裝成功。

```
>>> python --version
Python 3.8.7
```

接著更新 Python 的套件管理工具 pip。目前的 Python 版本已經有內建 pip 了，但版本可能會落後許多（例如 Python 3.8.7 帶的是 pip 19.2），建議更新到最新的版本。執行「python -m pip install --upgrade pip」更新後，再執行「pip --version」確認版本。

```
>>> pip --version
pip 20.2.3 from c:\users\<your_user>\appdata\local\programs\
python\python38\lib\site-packages\pip (python 3.8)
```

1.1.1　虛擬環境

當我們需要其他外部的套件時，可以用 pip 來加入相關的依賴，但有可能會影響使用同一個 Python 環境的其他專案。如果不同專案需要不同版本的套件，或甚至是不同版本的 Python，總不可能每次都設定一個全新的環境吧。這時候就可以透過虛擬環境，為每個專案建立一個獨立且不會互相影響的 Python 執行環境。

在 Python 的生態圈中，常使用的虛擬環境有以下幾種：

1. 官方的 venv（https://docs.python.org/3/library/venv.html）

2. virtualenv（https://github.com/pypa/virtualenv）

3. pipenv（https://github.com/pypa/pipenv）

因為前兩種都還是使用 pip freeze（https://pip.pypa.io/en/stable/reference/pip_freeze/）指令來匯出執行環境所有已安裝的依賴套件，其中會包含很多「依賴的依賴」，維護起來很容易失焦。後來筆者習慣使用 pipenv，其特有的 Pipfile 只會列出專案中有直接依賴的套件清單。

安裝 pipenv

執行「pip install --user pipenv」來為當前的使用者安裝 pipenv，安裝過程中可能會出現警告，提醒開發人員要把套件執行檔的路徑加到環境變數 PATH 中。安裝後再執行「pipenv --version 」確認是否有安裝成功，這時可能會出現「'pipenv' 不是內部或外部命令、可執行的程式或批次檔。」的錯誤。

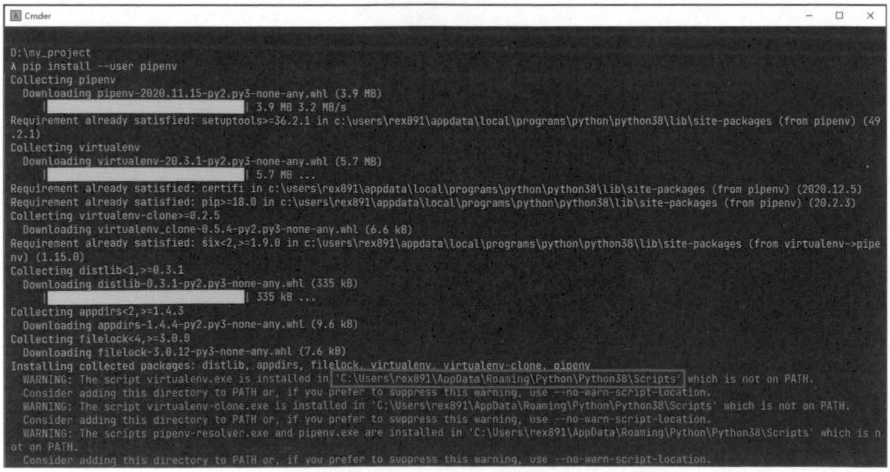

圖 1-2　安裝 pipenv

因為 pip 所安裝的套件路徑預設會在當前使用者的目錄下（如圖 1-2 中，筆者在 Windows 的環境下是 C:\Users\rex\AppData\Roaming\Python\Python38\Scripts），要把這個路徑加到環境變數 PATH 中才能正常運作。

> 在 Linux、macOS 和 Windows 環境下都可以執行「python -m site –user-base」來找到對應的安裝目錄。（詳見 https://pipenv.pypa.io/en/latest/install/#pragmatic-installation-of-pipenv）

建立虛擬環境

進到專案目錄中，執行「pipenv --python 3.8」來為當前目錄專用的虛擬環境。

> pipenv 實際上會將屬於專案虛擬環境建立在使用者目錄中的 .virtualenv 目錄下。使用的名稱會是「專案的根目錄名稱」加上「專案完整路徑的雜湊值（hash）」，只要專案路徑改變，就會需要重新建立一次虛擬環境。（詳見 https://pipenv.pypa.io/en/latest/install/#virtualenv-mapping-caveat）

如果要在虛擬環境中安裝套件，可以執行「pipenv install <some-package>」，例如要安裝 requests，可以直接執行「pipenv install requests」。

安裝完成後，可以發現專案目錄下多了 Pipfile 檔案，其中這四個區塊分別代表：

1. [[source]]：安裝套件時使用的來源

2. [packages]：專案執行時需要的套件，只會列出直接依賴的套件

3. [dev-packages]：專案開發時需要的套件，通常會用來除錯或測試

4. [requires]：指定 Python 版本

```
[[source]]
url ="https://pypi.org/simple"
verify_ssl = true
name ="pypi"

[packages]
requests ="*"

[dev-packages]

[requires]
python_version ="3.8"
```

和包含所有套件雜湊資訊的 Pipfile.lock 檔案：

```json
{
    "_meta": {
        "hash": {
            "sha256": "acbc8c4e7f2f98f1059b2a93d581ef43f4aa0c974
1e64e6253adff8e35fbd99e"
        },
        "pipfile-spec": 6,
        "requires": {
            "python_version": "3.8"
        },
        "sources": [
            {
                "name": "pypi",
                "url": "https://pypi.org/simple",
                "verify_ssl": true
            }
        ]
    },
    "default": {
        "certifi": {
            "hashes": [
                "sha256:1a4995114262bffbc2413b159f2a1a480c969de6
e6eb13ee966d470af86af59c",
                "sha256:719a74fb9e33b9bd44cc7f3a8d94bc35e4049dee
be19ba7d8e108280cfd59830"
            ],
            "version": "==2020.12.5"
        },
        "chardet": {
            "hashes": [
```

```
                "sha256:0d6f53a15db4120f2b08c94f11e7d93d2c911ee1
18b6b30a04ec3ee8310179fa",
                "sha256:f864054d66fd9118f2e67044ac8981a54775ec5b
67aed0441892edb553d21da5"
            ],
            "markers": "python_version >= '2.7' and python_
version not in '3.0, 3.1, 3.2, 3.3, 3.4'",
            "version": "==4.0.0"
        },
        "idna": {
            "hashes": [
                "sha256:b307872f855b18632ce0c21c5e45be78c0ea7ae4
c15c828c20788b26921eb3f6",
                "sha256:b97d804b1e9b523befed77c48dacec60e6dcb0b5
391d57af6a65a312a90648c0"
            ],
            "markers": "python_version >= '2.7' and python_
version not in '3.0, 3.1, 3.2, 3.3'",
            "version": "==2.10"
        },
        "requests": {
            "hashes": [
                "sha256:27973dd4a904a4f13b263a19c866c13b92a39ed1
c964655f025f3f8d3d75b804",
                "sha256:c210084e36a42ae6b9219e00e48287def368a26d
03a048ddad7bfee44f75871e"
            ],
            "index": "pypi",
            "version": "==2.25.1"
        },
        "urllib3": {
            "hashes": [
                "sha256:19188f96923873c92ccb987120ec4acaa12f0461
fa9ce5d3d0772bc965a39e08",
```

```
            "sha256:d8ff90d979214d7b4f8ce956e80f4028fc6860e4
431f731ea4a8c08f23f99473"
        ],
        "markers": "python_version >= '2.7' and python_version
not in '3.0, 3.1, 3.2, 3.3, 3.4' and python_version < '4'",
        "version": "==1.26.2"
    }
    },
    "develop": {}
}
```

可以發現 Pipfile 中包含的是直接在專案中安裝的套件，而 Pipfile.
lock 還包含了套件需要的其他套件。這樣可以確保在不同環境中
Python 都會使用到相同版本的套件。

如果是團隊合作的專案開發，一般建議把 Pipfile 和 Pipfile.lock 兩個檔案都提交到版本控制系統上，以保證在每個環境上都是用相同版本的套件在執行。

接下來執行「pipenv shell」便可以使用虛擬環境的 Python 了。分別在進入虛擬環境前後執行「pip freeze」，可以發現列出來的依賴完全不同。

```
>>> pip freeze
certifi==2020.12.5
pipenv==2020.11.15
```

```
virtualenv==20.3.1
virtualenv-clone==0.5.4

>>> pipenv shell
>>> (my_project-aRe4BMVo) pip freeze
certifi==2020.12.5
chardet==4.0.0
idna==2.10
requests==2.25.1
urllib3==1.26.2
```

>> 使用虛擬環境

執行「pipenv shell」進入虛擬環境後，建立 main.py 檔案，包含以下程式碼：

```
import requests

response = requests.get('https://httpbin.org/ip')
print('Your IP is {0}'.format(response.json()['origin']))
```

再以「python main.py」來執行這段程式（也可以在虛擬環境外用「pipenv run python main.py」來執行），會得到以下結果：

```
>>> python main.py
Your IP is x.x.x.x
```

1.2　網路資料常見的格式

在開始爬資料前，你需要先認識網路上常見的資料格式，才能知道未來要怎麼處理這些原始資料。本書會分別介紹最常見的 CSV、JSON、XML 和 HTML 四種資料格式。

1.2.1　CSV

CSV 的全名是 Comma Separated Values，顧名思義就是用逗點（,）分隔的資料。雖然沒有完整的定義標準，但在資料格式不複雜時，算是個不錯的資料交換格式。Python 有提供標準的模組來操作 CSV 資料（https://docs.python.org/3.8/library/csv.html），本書會介紹一些常用到的 API。

≫ 準備資料

為了方便開發測試，我們要先準備假資料。本書使用 mockaroo（https://mockaroo.com/），這個網站一次最多可以生成 1000 筆的假資料，並且提供多種檔案格式和實務上會使用的資料內容。

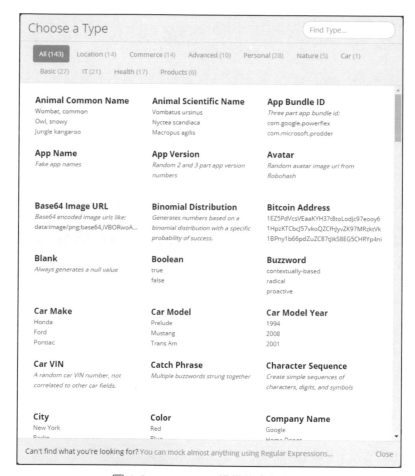

圖 1-3　mockaroo 提供的資料類型

資料來源　https://mockaroo.com/

　　設定好欄位名稱、資料類型和檔案格式後，按「Preview」來預覽資料內容，或「Download Data」直接下載檔案，這邊先存到 mock_data.csv 檔案中，第一列（id, first_name, last_name, gender, country）是表頭（欄位名稱），其他列則是每筆資料的內容。

```
id,first_name,last_name,gender,country
1,Berk,Bullus,Male,Russia
2,Gnni,Backson,Female,Russia
3,Lorrayne,Hardwell,Female,Peru
4,Cammy,Noke,Male,Malta
5,Claudian,Dreinan,Male,China
```

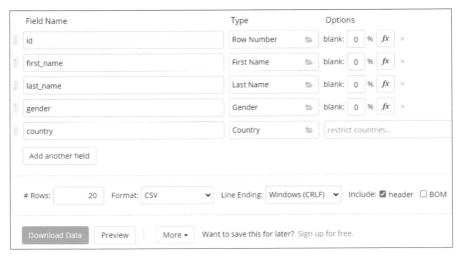

圖 1-4　假資料欄位設定

資料來源　https://mockaroo.com/

》 讀取檔案

Python 提供兩種方式來讀取 CSV 檔案，分別是 `csv.reader` 和 `csv.DictReader`。

csv.reader 會將檔案內容逐行載入，以類似串列（list）的結構回傳。執行以下程式碼可以將檔案列印在畫面上。

```
import csv
with open('mock_data.csv', newline='') as csvfile:
    reader = csv.reader(csvfile, delimiter=',', quotechar='"')
    for row in reader:
        print(', '.join(row))
```

只要修改 delimiter 參數就可以讀取用不同字元分隔欄位的檔案。

前面的方法是將每一行的資料依欄位順序讀取，如果順序有變，程式都需要配合修改。既然 CSV 都有提供表頭了，我們也可以用字典（dict）的類型來讀取資料。

```
import csv
with open('mock_data.csv', newline='') as csvfile:
    reader = csv.DictReader(csvfile, delimiter=',', quotechar='"')
    for row in reader:
        print(row['first_name'], row['last_name'])
```

≫ 寫入檔案

跟讀取一樣，Python 也提供 csv.writer 和 csv.DictWriter 兩種方式來寫入檔案。

■ csv.writer

```
import csv
with open('mock_data.csv', 'a', newline='') as csvfile:
    writer = csv.writer(csvfile, delimiter=',', quotechar='"',
quoting=csv.QUOTE_MINIMAL)
    writer.writerow([3, 'Corri', 'Campling', 'Female', 'Sweden'])
```

與讀取檔案相同，只要修改 delimiter 參數就
可以用不同字元分隔，將欄位寫入檔案中。

■ csv.DictWriter

```
import csv
with open('mock_data.csv', 'a', newline='') as csvfile:
    fieldnames = ['id', 'first_name', 'last_name', 'gender', 'country']
    writer = csv.DictWriter(csvfile, fieldnames, delimiter=',',
quotechar='"')
    writer.writerow({
        'id': 4,
        'first_name': 'Salvatore',
        'last_name': 'Gaitskill',
        'gender': 'Male',
        'country': 'Indonesia'
    })
```

1.2.2　JSON

　　JSON 是 JavaScript Object Notation 的縮寫，算是在網路世界中最常見的資料格式了。結構類似於 Python 的 list 或 dict。Python 也有提供標準的 json 模組（https://docs.python.org/3.8/library/json.html）來處理 JSON 格式的資料，本書會介紹幾個常用到的 API。一樣在 mockaroo 網站產生一份測試資料，這次 Format 的選項要選擇 JSON。

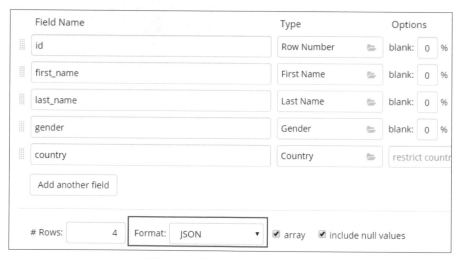

圖 1-5　產生 JSON 格式資料

資料來源　https://mockaroo.com/

▶▶ 反序列化（deserialize）

　　反序列化是把原始來源（例如字串、檔案）轉換成對應的 Python 實例。json 模組提供兩個方法來反序列化 JSON 格式的資料，兩個方法只差在第一個參數，其他的參數都一樣：

1. json.load：第一個參數傳入的實例需要支援 .read() 方法，通常是 Python 的 file object（https://docs.python.org/3.8/glossary.html#term-file-object）。

2. json.loads：第一個參數是 str、bytes 或 bytearray 實例。

反序列化時會依照下列表格，將 JSON 的資料型態轉換為 Python 的資料型態：

JSON	Python
object	dict
array	list
string	str
number(int)	int
number(float)	float
true	True
false	False
null	None

參考以下程式碼，①、②處分別代表上面提到的兩個不同的方法，擇一即可。

```python
import json
with open('mock_data.json', newline='') as jsonfile:
    data = json.load(jsonfile) ①
    # data = json.loads(jsonfile.read()) ②
    print(data)
```

>> 序列化（serialize）

序列化則是將 Python 的實例轉換成目標來源（例如字串、檔案）。跟反序列化相同，json 模組也提供兩個序列化的方法：

1. json.dump：第一個參數是要被序列化的實例，第二個參數需要支援 .write() 方法（通常是文字檔案或二進位檔案實例）用來寫入資料。

2. json.dumps：只需要一個參數，會直接回傳 JSON 格式的 str 實例。

序列化時會依照下列表格，將 Python 的資料型態轉換為 JSON 的資料型態：

Python	JSON
dict	object
list、tuple	array
str	string
int, float, int- & float-derived Enums	number(int)
True	true
False	false
None	null

參考以下程式碼，①處讀取 mock_data.json 檔案內容，反序列化後存在 data 變數中。②處加入一筆紀錄到 data 串列中。③、④處分別代表前面提到的兩個不同的方法，擇一即可。

```python
import json
with open('mock_data.json', newline='') as jsonfile: ①
    data = json.load(jsonfile)

with open('mock_data.json', 'w', newline='') as jsonfile:
    data.append({ ②
        'id': 5,
        'first_name': 'Vin',
        'last_name': 'Sturdgess',
        'gender': 'Male',
        'country': 'Greece'
    })
    json.dump(data, jsonfile) ③
    # jsonfile.write(json.dumps(data)) ④
```

此時序列化後的字串結果是沒有任何縮排的，如果為了閱讀方便需要縮排，可以在呼叫序列化的方法時多加上一個參數：json.dump(data, jsonfile, indent=4)。

但縮排後會增加儲存所需的空間跟傳輸量，在資料量比較多的時候，這個成長量很可觀，需要特別注意。

1.2.3　HTML

我們在瀏覽器上實際看到的畫面，其實是瀏覽器在收到 HTML 後渲染出來的結果，之後寫爬蟲時也是幾乎都會根據 HTML 來找到我們要爬取的目標，所以必須對 HTML 的結構有一定的了解。

如果想知道平常瀏覽的網頁的原始 HTML，可以在瀏覽器中依序點選「滑鼠右鍵 > 檢視網頁原始碼」，就可以看到了。

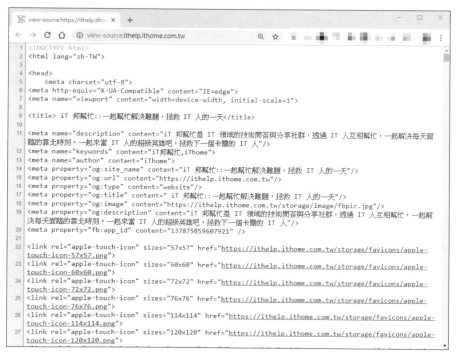

圖 1-6　iT 邦幫忙的網頁原始碼

資料來源　https://ithelp.ithome.com.tw/

HTML 是由元素（element）所組成，其中包含了標籤（tag）和內容（content）。

- 標籤

  - 必須包含起始標籤和結束標籤，例如 \<p> 和 \</p>

  - 沒有內容的標籤可以 self-closing，例如 \<img/> 和 \

  - 在起始標籤中可以包含多個屬性

- 屬性

  - 用來提供元素額外的資訊

  - 必須在起始標籤中定義

  - 格式為 attr-name="attr-value"，多組定義以空格分割

    - 例如：\<a href="https://ithelp.ithome.com.tw/" alt="iT 邦幫忙 ">iT 邦幫忙 \</a>

- 內容

  - 可以是其他元素、一段純文字或沒有內容，所以一個完整的 HTML 會是一個樹狀結構的樣子

以上面的超連結標籤來舉例：

```
<a href="https://ithelp.ithome.com.tw/" alt="iT 邦幫忙 ">iT 邦幫忙 </a>
```

- 標籤：a

- 屬性：href、alt

- 內容：iT 邦幫忙

而一個完整的 HTML 結構大致上會長這樣：

```
<!DOCTYPE html>
<html>

<head>
    <title>Page Title</title>
</head>

<body>
    <h1>This is a heading</h1>
    <p>This is a paragraph.</p>
    <p>This is another paragraph.</p>
</body>

</html>
```

- `<!DOCTYPE html>`：宣告文件使用的 HTML 版本，一定要在文件的最上方，而且只能出現一次。以現在的 HTML5 版本來說，宣告這樣就好了

- `<html></html>`：HTML 文件的根元素

- <head></head>：裡面會包含描述網頁的 meta 資訊。例如
  <title></title> 是網頁的標題列；<script></script> 是
  網頁中引用或撰寫的 javascript

- <body></body>：實際呈現給使用者的內容，爬蟲通常都是要
  抓這個元素內的東西

其他更完整的資訊可以到 w3schools（https://www.w3schools.
com/html/html_intro.asp）瞭解，本書先不在此介紹其他 HTML 標籤。

理解 HTML 每個標籤的語意確實可以幫助
我們定位網頁資料，但不一定需要花太多時
間在這上面。畢竟爬蟲只要知道怎麼定位爬
取目標就好，更何況很多網站的 HTML 結
構規劃的不是很完整。就像玩線上遊戲解任
務，很多時候玩家只知道去哪裡打幾隻怪就
好，沒有認真的在看遊戲劇情。

下一章就可以開始實際用 Python 程式來取得網頁資料了！

MEMO

CHAPTER

2

爬蟲基礎

2.1　剖析來源資料

在上一章的內容中，我們已經認識了基本的 HTML 結構，現在我們來了解如何剖析網頁原始碼並找出我們需要的資料。

常見的剖析 HTML 原始碼的方式有三種：

- 正規表示式（Regular Expression）
- 當成 HTML 處理
- 當成 XML 處理

正規表示式寫起來比較複雜，而且很容易被網站的小改動影響，通常筆者是用後面兩種方式在處理。架構比較好的網站，因為可以用比較簡單的方式就定位到要抓取的資料，一般用 HTML 的方式來處理就可以；而需要比較多判斷條件或額外處理的網頁原始碼，就可能得用 XML 的方式會比較好處理。

2.1.1　當成 HTML 處理

在眾多的剖析 HTML 的 Python 套件中，Beautiful Soup（https://www.crummy.com/software/BeautifulSoup/bs4/doc/#）算是最常被使用的。藉由套件提供的方法，我們可以很輕鬆地查詢或修改標籤樹狀結構中的資料。

開始使用前，要先安裝相關的套件：

```
>>> pipenv shell
>>> pip install beautifulsoup4
```

BeautifulSoup 套件預設是使用 Python 內建的 html.parse 來剖析 HTML；同時也支援第三方的 lxml 和 html5lib 套件作為剖析器。一般建議使用比較快的 lxml，使用前也需要先安裝套件。

```
>>> pip install lxml
```

這邊用一個簡單的 HTML 範例來說明使用 BeautifulSoup 的方式，在 Python 中宣告一個變數來保存 HTML 內容：

```
html_doc = """
<html>
<head>
    <title>爬蟲在手、資料我有</title>
</head>

<body>
    <p class="title"><b>爬蟲在手、資料我有</b></p>
    <p class="chapter">基礎知識
        <a href="http://example.com/environment" class="page"
id="link1">準備環境</a>、
        <a href="http://example.com/csv" class="page"
id="link2">CSV</a>、
```

```
        <a href="http://example.com/json" class="page"
id="link3">JSON</a>
    </p>
    <p class="chapter">...</p>
</body>
</html>
"""
```

》 剖析 HTML

首先初始化一個 BeautifulSoup 實例，①為前面宣告的 HTML 文字內容，②為指定使用 lxml 剖析器。載入後會得到一個 BeautifulSoup 實例，之後會用這個物件來操作 HTML。

呼叫 BeautifulSoup 實例的 prettify() 方法會取得剖析器處理完後格式化的字串。

```
from bs4 import BeautifulSoup
soup = BeautifulSoup(html_doc①, 'lxml'②)

print(type(soup))
# <class 'bs4.BeautifulSoup'>
print(soup.prettify())
```

同樣的原始碼在不同剖析器可能會有不同的結果，因為剖析器建立出的樹狀結構不相同。剖析器可能會自動校正有問題的標籤，如果搜尋結果不如預期，建議將載入 BeautifulSoup 後的 HTML 印出來確認。（https://www.crummy.com/software/BeautifulSoup/bs4/doc/#differences-between-parsers）

≫ 遍歷 HTML 結構

BeautifulSoup 提供很完整的遍歷方法，本書會介紹幾個常用的，完整版可以參考官方文件（https://www.crummy.com/software/BeautifulSoup/bs4/doc/#navigating-the-tree）。

```
# 取得 head 標籤
soup.head
# <head><title> 爬蟲在手、資料我有 </title></head>

# 取得 head 下的 title 標籤
soup.head.title
# <title> 爬蟲在手、資料我有 </title>

# 取得「第一個」a 標籤
soup.a
# <a href="http://example.com/environment" class="page"
id="link1"> 準備環境 </a>

# 取得直屬 body 的所有下層標籤，回傳 list 類型
soup.body.contents
```

```
# 取得第一個 a 標籤的上層標籤
soup.a.parent

# 取得與第一個 a 標籤同層級的下一個「元素」
soup.a.next_sibling
# '、\n'
```

》 搜尋 HTML 結構

除了用 . 直接取到節點外，BeautifulSoup 也提供很多搜尋的方
法。但必須先了解搜尋方法可使用的各種過濾器（filters）。

- 字串：指定要搜尋的標籤名稱

```
# 搜尋標籤 "b"
soup.find_all('b')
# [<b> 爬蟲在手、資料我有 </b>]
```

- 正規表示式：利用 Python 的 re 物件的 search() 方法來搜尋符合的
  標籤名稱

```
# 搜尋以 "b" 開頭的標籤
import re
for tag in soup.find_all(re.compile("^b")):
    print(tag.name)
# body
# b
```

- 清單：指定多個要搜尋的標籤名稱

```
# 搜尋標籤 "a" 和 "b"
soup.find_all(["a", "b"])
# [<b> 爬蟲在手、資料我有 </b>,
#  <a href="http://example.com/environment" class="page"
id="link1"> 準備環境 </a>、
#  <a href="http://example.com/csv" class="page"
id="link2">CSV</a>、
#  <a href="http://example.com/json" class="page" id="link3">JSON</a>]
```

- True：取得所有標籤

- 方法：定義一個會回傳**布林**的方法物件來判斷是否要傳回標籤

```
def has_class_but_no_id(tag):
    """ 判斷標籤是否定義 class 屬性且無定義 id 屬性
    """
    return tag.has_attr('class') and not tag.has_attr('id')

soup.find_all(has_class_but_no_id)
# [<p class="title"><b> 爬蟲在手、資料我有 </b></p>,
#  <p class="story"> 基礎知識 </p>,
#  <p class="story">...</p>]
```

BeautifulSoup 提供很多種搜尋的方法，除了搜尋的對象不同外，參數的使用上是幾乎一樣的。這邊會介紹筆者最常用的 find_all 方法，再分別說明和其他方法的差異。

find_all(name, attrs, recursive, string, limit, **kwargs)

每個參數分別為：

- name：帶入前面介紹的「過濾器」

- attrs：傳入 dict 物件，用屬性來過濾，待會跟 keyword arguments 一起介紹

- recursive：使用布林值（預設是 True），用來設定是否要遞迴往下找

```
# 找 html 標籤下的所有標籤
soup.html.find_all("title")
# [<title>The Dormouse's story</title>]

# 只找 html 的「下一層」標籤
# 因為一般 html 下一層只有 head 和 body
# 所以找不到結果
soup.html.find_all("title", recursive=False)
# []
```

- string：用標籤的文字內容來過濾

- limit：指定要回傳幾個結果

- keyword arguments：跟 attrs 參數一樣是用屬性來過濾，絕大多數的情況下用 kwargs 就可以，只有一些特殊狀況（保留字、屬性名稱與方法參數名稱相同、kebab-case）會需要用 attrs 參數來處理

```
# 找出 id 屬性值為 link2 的標籤
soup.find_all(id='link2')
# [<a href="http://example.com/csv" class="page"
id="link2">CSV</a>]


# 用 re 找出 href 屬性值包含 json 的標籤
soup.find_all(href=re.compile("json"))
# [<a href="http://example.com/json" class="page"
id="link3">JSON</a>]


# 找出有 id 屬性的標籤
soup.find_all(id=True)
# [<a href="http://example.com/environment" class="page"
id="link1"> 準備環境 </a>
#  <a href="http://example.com/csv" class="page"
id="link2">CSV</a>
#  <a href="http://example.com/json" class="page" id="link3">JSON</
a>]


# 也可以同時使用多個屬性來判斷
soup.find_all(href=re.compile("environment"), id='link1')
# [<a href="http://example.com/environment" class="page" id="link1">
準備環境 </a>]
```

　　當搜尋的屬性符合以下幾種特殊情況時，要特別注意：

1.　保留字

```
# 保留字 class
soup.find_all("a", class_="page")
# [<a href="http://example.com/environment" class="page"
id="link1"> 準備環境 </a>
```

```
#   <a href="http://example.com/csv" class="page"
id="link2">CSV</a>
#   <a href="http://example.com/json" class="page"
id="link3">JSON</a>]
```

2. 屬性名稱與方法參數名稱相同

```
name_soup = BeautifulSoup('<input name="email"/>')
name_soup.find_all(name="email")
# []
name_soup.find_all(attrs={"name":"email"})
# [<input name="email"/>]
```

3. kebab-case

```
# 常用於 HTML5 的 data-* 屬性
data_soup = BeautifulSoup('<div data-foo="value">foo!</div>')
data_soup.find_all(data-foo="value")
# SyntaxError: keyword can't be an expression

data_soup.find_all(attrs={"data-foo":"value"})
# [<div data-foo="value">foo!</div>]
```

了解完搜尋方法的參數後，再了解其他搜尋方法的差異，就差不多掌握搜尋的方法囉。

搜尋方法	搜尋範圍
find_all	所有子孫標籤 (descendants)
find	一個子孫標籤，等同 find_all(limit=1)
find_parents	所有父標籤

搜尋方法	搜尋範圍
find_parent	一個父標籤，等同 fina_parents(limit=1)
find_next_siblings	所有同層級且在當前位置之後的標籤
find_next_sibling	一個同層級且在當前位置之後的標籤，等同 find_next_siblings(limit=1)
find_previous_siblings	所有同層級且在當前位置之前的標籤
find_previous_sibling	一個同層級且在當前位置之前的標籤，等同 find_previous_siblings(limit=1)
find_all_next	所有同層級且在當前位置之後的元素
find_next	一個同層級且在當前位置之後的元素，等同 find_all_next(limit=1)
find_all_previous	所有同層級且在當前位置之前的元素
find_previous	一個同層級且在當前位置之前的元素，等同 find_all_previous(limit=1)

≫ CSS 選擇器

如果過去有接觸前端或者 jQuery 的讀者，應該對 CSS 選擇器很熟悉。BeautifulSoup 也透過 SoupSieve（https://facelessuser.github.io/soupsieve/）支援了大部分的的 CSS 選擇器，只要使用 .select() 或 .select_one() 方法就可以使用 CSS 選擇器來找到目標資料了。

```
# 找出 body 下的 a 標籤
soup.select('body a')
# [<a href="http://example.com/environment" class="page" id="link1">
準備環境 </a>
#  <a href="http://example.com/csv" class="page" id="link2">CSV</a>
```

```
#   <a href="http://example.com/json" class="page" id="link3">JSON</a>]

# 找出 class 包含 page 的標籤
soup.select('.page')
# [<a href="http://example.com/environment" class="page" id="link1">
準備環境 </a>
#   <a href="http://example.com/csv" class="page" id="link2">CSV</a>
#   <a href="http://example.com/json" class="page" id="link3">JSON</a>]

# 找出 id 是 link2 的標籤
soup.select('#link2')
# [<a href="http://example.com/csv" class="page" id="link2">CSV</a>]

# 找出「第一個」class 包含 page 的標籤
soup.select_one('.page')
# <a href="http://example.com/environment" class="page"
id="link1"> 準備環境 </a>
```

2.1.2 當作 XML 處理

在絕大多數的情況下，用 BeautifulSoup 就可以滿足需求了。如果在定位資料時還有更複雜的需求，可能還是得把原始資料當作 XML 來處理。在使用 BeautifulSoup 時，我們是用 lxml 作為剖析器，接下來會說明如何以 lxml + XPath 來處理 XML 資料。

開始之前，我們先以 lxml 來初始化一個樹狀結構的實例。這邊的 html_doc 是沿用前面的 HTML 內容。

```
from lxml import etree

# 載入 HTML 原始資料
html = etree.HTML(html_doc)
```

≫ 選擇節點（selecting nodes）

XPath 使用以下的語法來選擇節點：

語法	說明
node-name	選擇名稱等於 node-name 的節點
/	選擇直屬於當前節點的所有節點（子節點）
//	選擇當前節點下所有節點（子孫節點）
.	選擇當前節點
..	選擇上一層節點（父節點）
@	選擇屬性

對應到我們使用的 HTML 內容來舉例：

查詢路徑	結果
/html	取得 html 標籤（以 / 開頭代表從根節點開始找）
/html/body/a	取得 body 下所有 a 標籤（無結果，因為 a 在 p 底下）
//a	取得所有 a 標籤
/html/body//a	取得 body 下所有 a 標籤
//a/@href	取得所有 a 標籤的 href 屬性

剛剛已經初始化了樹狀結構的實例，只要呼叫 .xpath() 方法就可以用 XPath 來查詢了。

```
print(html.xpath('/html'))
# [<Element html at 0x25ff3c8>]

print(html.xpath('/html/body/a'))
# []

print(html.xpath('//a'))
# [<Element html at 0x24e8788>, <Element html at 0x24e87b0>,
<Element html at 0x26045a8>]

print(html.xpath('/html/body//a'))
# [<Element html at 0x24e8760>, <Element html at 0x26045a8>,
<Element html at 0x2604a08>]

print(html.xpath('//a/@href'))
# ['http://example.com/environment', 'http://example.com/csv',
'http://example.com/json']
```

》 判斷式（predicates）

除了直接查詢 XML 路徑外，也可以用中括號 [ ] 來加上額外的條件，來找到特定位置或含有特定值得節點。例如：

判斷式	結果
/html/body//a[1]	取得 body 下第一個 a 標籤
/html/body//a[last()-1]	取得 body 下最後一個 a 標籤

判斷式	結果
/html/body//a[position() < 3]	取得 body 下前兩個 a 標籤
//p[@class]	取得有定義 class 屬性的 p 標籤
//p[@class='title']	取得 class 屬性值為 title 的 p 標籤

≫ 選擇未知節點

XPath 也支援萬用字元（wildcards）來選取未知節點。

萬用字元	說明
*	任意元素
@*	任意屬性

對應到我們使用的 HTML 內容來舉例：

查詢路徑	結果
/html/body/*	取得 body 標籤的全部子元素
/html/body//*	取得 body 下全部元素
//p[@*]	取得至少有定義一個屬性的 p 標籤

≫ 一次選取多個路徑

如果所需資料分散多處，但不想查詢多次時，可以用 | 來一次查詢多組路徑。

查詢路徑	結果
//p | //a	一次取得全部 p 標籤和 a 標籤

XPath 查詢語法有更多判斷式和查詢方式可以使用，絕大多數的網站不需要太複雜的語法即可滿足需求。如果還想深入了解，可以前往 w3schools - XPath Syntax（https://www.w3schools.com/xml/xpath_syntax.asp）網站查閱。

本章節一開始說明了許多種用 Python 來處理原始資料的方式，但目前的資料都是我們手動產生的假資料，接著會介紹如何從網路上取得真實的資料。

2.2 從網路上取得資料

開始蒐集資料前，需要拿到可以用來「剖析」的原始資料。但平常我們都是打開瀏覽器，輸入網址（有時甚至常常跳過這步驟），可能會輸入一些關鍵字來搜尋，再點選幾個有興趣的連結，我們可能根本不清楚瀏覽器到底是去哪裡拿到這些有趣的東西。

在開始用程式蒐集資料之前，我們還需要了解瀏覽器是如何完成平常操作的動作。

2.2.1　請求與回應

實際上當我們在瀏覽器上輸入網址、或者點選某個連結時，瀏覽器會根據網址向對應的伺服器發送一個請求（Request），伺服器收到請求後進行處理，產生對應的回應（Response）後傳回給瀏覽器，瀏覽器解析後才會變成我們看到的網頁內容，解析過程中可能會需要再發送額外的請求來載入其他靜態資源（例如 CSS、JavaScript、圖片……）。

簡單來説，整個流程就像下圖：

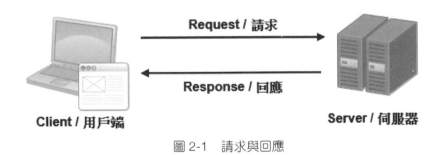

圖 2-1　請求與回應

以 iT 邦幫忙（https://ithelp.ithome.com.tw/）的首頁舉例，在網頁上按「右鍵 > 檢視原始碼」或者「Ctrl + U」，就可以看到發送請求後收到的回應了。可以看到回應是一堆 HTML 的語法，這些就是我們之後會拿來剖析的原始資料。

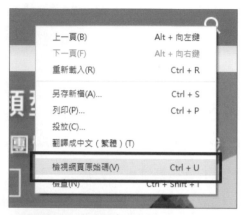

圖 2-2　在瀏覽器中檢視網頁原始碼

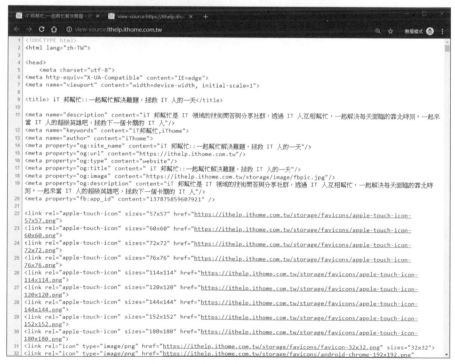

圖 2-3　iT 邦幫忙的網頁原始碼

資料來源　https://ithelp.ithome.com.tw/

≫ 用 Python 來發送請求

在 Python 中，最常用來發送請求的套件是 urllib3 和 requests，本書會著重介紹後者。

開始之前，記得先安裝套件：

```
>>> pipenv shell
>>> pip install requets
```

使用 requests.get(url) 方法會用 HTTP 的 GET 方法來發送一個請求，並回傳一個 Response 實例。

```
import requests

response = requests.get('https://ithelp.ithome.com.tw/')
```

Response 實例提供了許多屬性方便我們使用，這邊列出幾個常用到的。

```
# 回應狀態
response.status_code
# 200

# 回應標頭
response.headers['content-type']
# text/html; charset=UTF-8

# 回應的內容，是 bytes 類型
response.content
```

```
# 回應的內容，是 unicode 字元，以 response.encoding 解碼
response.text
```

≫ 帶有參數的請求

除了以不同的網址來向伺服器請求不同的回應外，也很常看到是用帶參數的方式向伺服器發送請求，雖然前面的網址相同，伺服器仍然會根據參數回傳不同的回應。

常看到的清單換頁、關鍵字查詢、送出表單內容，幾乎都是用這種方式來傳送。

而不同的請求方式，是透過不同的請求方法（HTTP request methods）來完成的，這邊會說明比較常用的 GET 和 POST 兩種方法，並了解怎麼用程式來完成。

除了這兩種請求方法外，HTTP 還有諸如 PUT、DELETE 等不同的請求方法，各自有不同的用途。更多詳細的資訊可以到 https://developer.mozilla.org/en-US/docs/Web/HTTP/Methods 網站上查詢。

前面看到的 `requests.get('https://ithelp.ithome.com.tw/')` 就是一種沒有帶參數的 GET 請求。我們在 iT 邦幫忙用關鍵字查詢相關文章的時候，就可以看到用 GET 請求帶參數的方式了。

圖 2-4　查詢文章

資料來源　https://ithelp.ithome.com.tw/

可以發現當我們依步驟做完後，網址變成「https://ithelp.ithome.com.tw/search?search=python&tab=question」，其中 ? 後的就是這次請求的參數（又稱查詢字串或 query string）。多組參數可以用 & 來組合。每組參數的 = 左邊是參數名稱，右邊是參數值。所以這個請求實際會帶兩個參數給伺服器：

參數名稱	參數值
search	python
tab	question

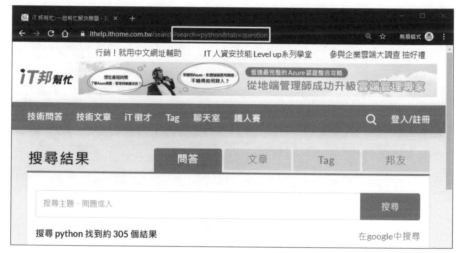

圖 2-5　查詢文章的 query string

資料來源　https://ithelp.ithome.com.tw/

requests 套件有兩種方式來發送 GET 請求：

1.　跟前面的範例一樣直接給網址

```
import requests

response = requests.get('https://ithelp.ithome.com.tw/search?sear
ch=python&tab=question')
```

2. 提供 requests.get 方法額外的參數

```
import requests

payload = {
    'search': 'python',
    'tab': 'question'
}
response = requests.get('https://ithelp.ithome.com.tw/search',
params=payload)
print(response.url)
#  https://ithelp.ithome.com.tw/search?search=python&tab=question
```

但 GET 方法有一些限制：

- 瀏覽器或伺服器會限制網址的長度，所以不能傳送太長的參數

- 參數直接顯示在網址內，相對來說較為不安全

- 能傳送的參數類型有限

所以在某些情況下會使用 POST 方法來發送請求（例如登入、上傳檔案）：

- 長度原則上不受限制（但伺服器端可以設定每次請求的大小上限）

- 不會直接看到參數，相對來說較為安全（但實際上可以在封包 HTTP Message - Request Body 中看到）

- 根據 Content-Type 可以傳送不同類型的參數內容

為了方便說明用 requests 套件發送 POST 請求的方式，我們用 httpbin（https://httpbin.org/）這個網站來測試。

 httpbin 會將收到的請求以特定的格式回應，可以驗證請求內容是否有符合預期，在需要發送外部請求但一直找不到問題時是個挺好用的工具。

requests 套件中的 requests.post 方法可以用來發送 POST 請求。

```python
import requests
import pprint

payload = {
    'name': 'Rex',
    'topic': 'python'
}
response = requests.post('https://httpbin.org/post', data=payload)
pprint.pprint(response.json())
```

可以獲得類似以下的結果：

```
{
 "args": {},
 "data":"",
 "files": {},
 "form": {'name': 'Rex', 'topic': 'python'},
 "headers": {
   "Accept":"application/json",
```

```
  "Accept-Encoding":"gzip, deflate",
  "Accept-Language":"zh-TW,zh;q=0.9,en-US;q=0.8,en;q=0.7,ja;q=0.6",
  "Content-Length":"21",
  "Host":"httpbin.org",
  "User-Agent":"python-requests-2.22.0"
 },
"json": None,
"origin":"x.x.x.x",
"url":"https://httpbin.org/post"
}
```

2.2.2 Cookie 和 Session

　　一般我們在網頁上蒐集資料時，發送的都是 HTTP 協定的請求。HTTP 協定本身是無狀態（stateless）的，意思是每次的請求和回應都是獨立的，彼此間並無關聯，這次發出的請求不會知道前一次請求的內容和參數。

　　但我們平常在操作網站時（特別是需要登入驗證的網站），如果每次請求都是獨立的，代表每次進入都需要重新登入一次，或者在購物網站沒辦法保留購物車的資料，使用起來的體驗就會變得很差。因此絕大多數的網站都會加上 Cookie 或 Session 的機制來解決這個問題。

>> Cookie

Cookie 是保存在 Client 用戶端的資料，每次瀏覽器發送請求時會一併發送給 Server 伺服器端。因為這些資料都是保存在用戶端中，我們可以在瀏覽器來檢查當前網站有設定的 Cookie 值。

點選瀏覽器中網址列最前面的圖示，可以看到目前使用了幾個 Cookie，點進去後就會詳細列出每個值。

圖 2-6　在瀏覽器檢查 Cookie（方法 1）

或者在開發人員工具中，點選「Application > Storage > Cookies」，也可以看到目前網站使用的每個 Cookie 值。

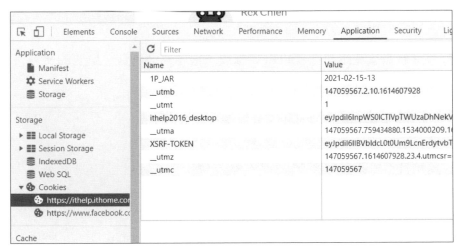

圖 2-7　在瀏覽器檢查 Cookie（方法 2）

在 Python 中，如果我們要在每次的請求加上 cookie，可以利用
cookies 參數來設定。

```
import requests

url = 'https://httpbin.org/cookies'
cookies = {
    'ithome': 'scrapy'
}

r = requests.get(url, cookies=cookies)
print(r.text)
```

雖然 Cookie 使用上很方便，但有兩個顯而易見的缺點：

1. 這些數據在用戶端就可以被修改，很容易被偽造，重要的資料沒辦法用這個方式保存傳送

2. Cookie 是隨著請求送出，會有最大長度的限制

因此又產生了 Session 來解決這些問題。

》 Session

與 Cookie 不同，Session 的資料是保留在伺服器上，會保留一組 Session 的識別值在 Cookie 中供伺服器辨認，例如 Django 會在 Cookie 中加入 sessionid。

當伺服器收到請求時，會先檢查 Session 識別值是否存在於伺服器端，若不存在會建立一組新的識別值。每次的請求就可以利用這組識別值辨認是否為相同的用戶端，並取出與之關聯的 Session 資料。

基礎實戰 –
蒐集 iThelp 文章資料

在前面兩個章節中，我們學會了如何從網路上取得 HTML 原始碼，再透過 Python 來剖析 HTML 資料。這個章節會以 iT 邦幫忙的網站來實際操作，練習怎麼從真實的網站上取得我們要蒐集的資料。

之後的實作都會需要安裝不同的套件，建議讀者養成使用虛擬環境的好習慣，以免影響到主機上其他專案。

開始之前，先把虛擬環境準備好，安裝需要的套件。

```
>>> pipenv shell
>>> pip install requests beautifulsoup4 lxml
```

再載入「技術文章」列表頁的網頁原始碼，會是我們接下來剖析的原始資料。

```
import requests
from bs4 import BeautifulSoup

html_doc = requests.get('https://ithelp.ithome.com.tw/articles?
tab=tech').text
soup = BeautifulSoup(html_doc, 'lxml')
```

3.1 列表頁

先在畫面上確認我們要蒐集的資料範圍。例如我們要抓到畫面上第一篇文章：[Day 23] 從 GEIT 制定管理規範（https://ithelp.ithome.com.tw/articles/10228579）。

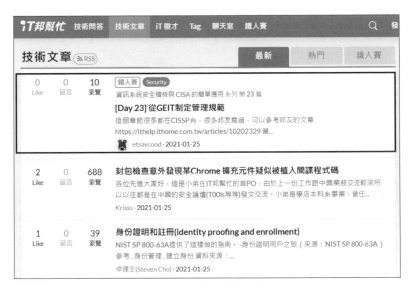

圖 3-1　技術文章列表頁

資料來源　https://ithelp.ithome.com.tw/

這時候可以用 Chrome 的開發人員工具來定位資料在原始碼中的位置，開啟開發人員工具的方式有以下幾種（大部分的瀏覽器也有類似的功能）：

1. F12

2. Ctrl + Shift + I

3.　管理 > 更多工具 > 開發人員工具

圖 3-2　開發人員工具

4.　右鍵 > 檢查

圖 3-3　檢查元素

打開後就可以看到下方多出一個區塊，Elements 頁籤內是目前畫面上的 HTML 原始碼，這個開發人員工具就是爬蟲很重要的利器了！

如果開發人員工具不在下方，或者想要顯示在其他位置的話，可以點選右上方三個點的圖標，在「Dock side」中選擇要顯示的位置，由左到右分別為：另開視窗、靠左、置底、靠右。

圖 3-4　開發人員工具

這時候有兩種方式可以快速定位我們想要的資料：

1. 在文章標題上按「右鍵 > 檢查」

2. 點選開發人員工具左上角的「選取工具」，再點選文章標題

可以發現在開發人員工具中，文章標題的 a 標籤已經被反白了。

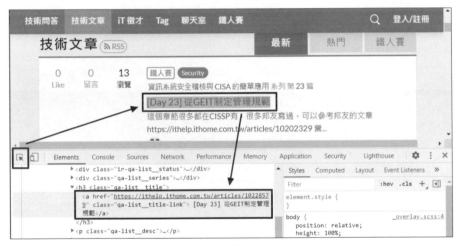

圖 3-5　快速定位目標

資料來源　https://ithelp.ithome.com.tw/

3.1.1　決定選擇器

在前一章的內容中，我們有學到怎麼在程式中找到目標資料，但是現實中的 HTML 結構這麼複雜，要怎麼快速在 HTML 結構中找出文章標題呢？這時候有個偷懶的方式，就是在原始碼中文章標題的標籤上按「右鍵 > Copy > Copy selector」。

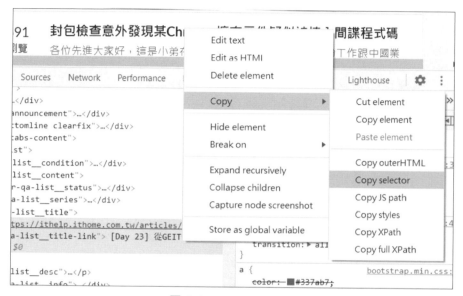

圖 3-6　copy selector

　　找個地方貼上，就會得到一串密密麻麻的東西：

body > div.container.index-top > div > div > div.leftside > div.board.tabs-content > div:nth-child(1) > div.qa-list__content > h3 > a

　　這串就是第一篇文章標題的 CSS 選擇器，可以在程式中以此找到文章標題。

```
title = soup.select_one('body > div.container.index-top > div >
div > div.leftside > div.board.tabs-content > div:nth-child(1) >
div.qa-list__content > h3 > a')

print(title.text)
# [Day 23] 從 GEIT 制定管理規範
```

以此類推，如果我們要找到第一頁的所有文章標題，最簡單的方式就是把每篇文章標題的選擇器都找出來。

```
title1 = soup.select_one('body > div.container.index-top > div >
div > div.leftside > div.board.tabs-content > div:nth-child(1) >
div.qa-list__content > h3 > a')
title2 = soup.select_one('body > div.container.index-top > div >
div > div.leftside > div.board.tabs-content > div:nth-child(2) >
div.qa-list__content > h3 > a')
title3 = soup.select_one('body > div.container.index-top > div >
div > div.leftside > div.board.tabs-content > div:nth-child(3) >
div.qa-list__content > h3 > a')
# ... 以此類推
```

有沒有覺得哪裡怪怪的？這種窮舉的方式當然可以找出我們要的資料。但萬一網站改版，或對 HTML 結構做了微調，程式就需要修改一大堆地方，非常不方便而且很容易漏改。人生苦短，我們可以用更有效率的方式來寫程式。要怎麼找到適用於所有文章標題的選擇器呢？可以先參考下圖的方框處，雖然很冗長但很有參考價值，就先拿來試試看吧。

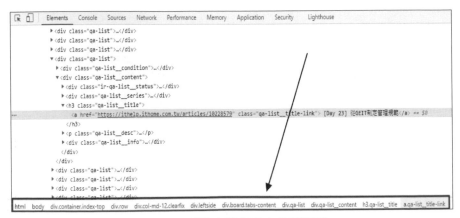

圖 3-7　開發人員工具中的選擇器

```
title_tags = soup.select('html > body > div > div.row > div.col-
md-12.clearfix > div.leftside > div.board.tabs-content > div.qa-
list > div.qa-list__content > h3.qa-list__title > a.qa-list__
title-link')

for title_tag in title_tags:
    print(title_tag.text)
```

執行後可以看出來我們已經取得第一頁所有的文章標題了。但這樣的選擇器還是太長了，會讓開發者（很有可能是正在讀這本書的你）在除錯的時候很難發現問題，一旦網站調整了中間某個地方的樣式，選擇器就會失效。所以接著我們要練習如何使用比較友善的選擇器。

3.1.2　了解目標網站的結構

絕大多數的網站在設計 CSS 時都是有跡可循的，我們可以藉由觀察來了解每個選擇器對應的網站區塊。

- div.leftside 對應到畫面中左邊的區塊

  從圖 3-8 中可以看到，當滑鼠移到 `<div class="leftside">`
  標籤上時，網頁上左邊的區塊會被反白選取。

圖 3-8　div.leftside

資料來源　https://ithelp.ithome.com.tw/

- div.board.tabs-content 對應到文章列表的區塊

  從圖 3-9 中可以看到，當滑鼠移到 `<div class="board tabs-content">` 標籤上時，網頁上一整區的文章列表區塊會被反白選取。

圖 3-9　div.board.tabs-content

資料來源　https://ithelp.ithome.com.tw/

■ div.qa-list 對應到一列文章資訊的區塊

從圖 3-10 中可以看到，當滑鼠移到 `<div class="qa-list">` 標籤上時，網頁上的文章資訊區塊會被反白選取（圖中的淺灰色區塊）。

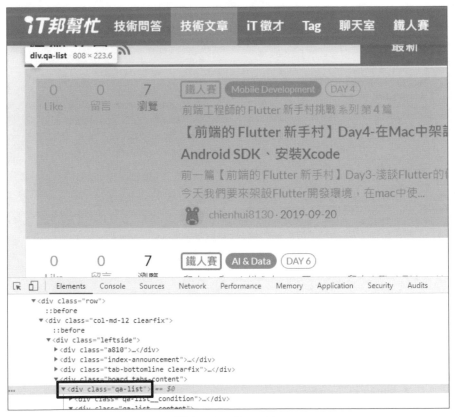

圖 3-10　div.qa-list

資料來源　https://ithelp.ithome.com.tw/

- div.qa-list__content 對應到文章主要資訊的區塊

  從圖 3-11 中可以看到，當滑鼠移到 `<div class="qa-list__content">` 標籤上時，網頁上的文章主要資訊區塊會被反白選取（包含 Like、留言、瀏覽、文章標題等）。

圖 3-11　div.qa-list__content

資料來源　https://ithelp.ithome.com.tw/

■ h3.qa-list__title 對應到文章標題的區塊

從圖 3-12 中可以看到，當滑鼠移到 <h3 class="qa-list__
title"> 標籤上時，網頁上的文章標題區塊會被反白選取。

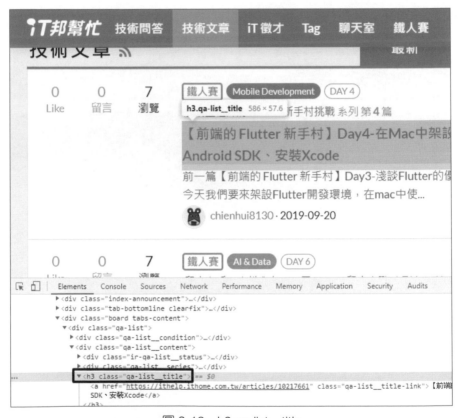

圖 3-12　h3.qa-list__title

資料來源　https://ithelp.ithome.com.tw/

- a.qa-list__title-link 對應到文章標題連結的區塊

  從圖 3-13 中可以看到，當滑鼠移到 `<a href="https://ithelp.ithome.com.tw/articles/10217661"class="qa-list__title-link">` 標籤上時，網頁上的文章標題的連結區塊會被反白選取。

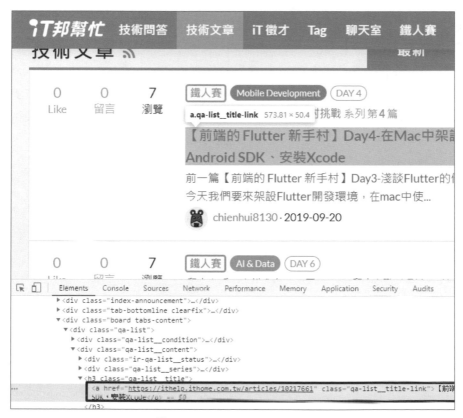

圖 3-13　a.qa-list__title-link

資料來源　https://ithelp.ithome.com.tw/

　　只要能找出爬取目標對應的選擇器，就可以直接以對應的選擇器來取得目標資料了。

了解網站結構後，可以試著調整原本那一長串的選擇器。例如要找出全部文章標題，你可以用這樣的選擇器：

div.qa-list > div.qa-list__content > h3.qa-list__title > a.qa-list__title-link

　　或者最短的，直接使用文章標題連結的選擇器：

a.qa-list__title-link

　　但如果使用到這麼簡短的選擇器，要確認一下網頁中有沒有其他「剛好」使用相同選擇器的區塊，最快能確認的方式當然是寫個程式來試試看囉！

```python
import requests
from bs4 import BeautifulSoup

html_doc = requests.get('https://ithelp.ithome.com.tw/
articles?tab=tech').text
soup = BeautifulSoup(html_doc, 'lxml')

title_tags_1 = soup.select('html > body > div > div.row > div.
col-md-12.clearfix > div.leftside > div.board.tabs-content > div.
qa-list > div.qa-list__content > h3.qa-list__title > a.qa-
list__title-link')
titles_1 = [tag.text for tag in title_tags_1]

title_tags_2 = soup.select('div.qa-list > div.qa-list__content >
h3.qa-list__title > a.qa-list__title-link')
titles_2 = [tag.text for tag in title_tags_2]

title_tags_3 = soup.select('a.qa-list__title-link')
titles_3 = [tag.text for tag in title_tags_3]

print(titles_1 == titles_2 and titles_2 == titles_3)
# True
```

還記得在前一章（請參考 2.1.1 節的搜尋 HTML 結構）有學到另一種搜尋 HTML 結構的方法嗎？其實筆者比較常用另一種方式，閱讀起來比直接使用 CSS 選擇器還要容易。

```python
import requests
from bs4 import BeautifulSoup

html_doc = requests.get('https://ithelp.ithome.com.tw/
articles?tab=tech').text
soup = BeautifulSoup(html_doc, 'lxml')

# 先找到文章區塊
article_tags = soup.find_all('div', class_='qa-list') ①

for article_tag in article_tags: ②
    # 再由每個區塊去找文章連結
    title_tag = article_tag.find('a', class_='qa-list__title-link')
    print(title_tag.text)
```

　　這邊的邏輯有點不一樣，①處先把文章區塊給抓出來，②處再跑迴圈從每個文章區塊往下找到文章標題連結。以筆者過去的經驗，這個區塊內的其他資訊（例如瀏覽數、發文時間）通常也需要被保存下來，定位在外層的區塊可以方便從相同的位置往下找到其他資訊。

實際開發時，建議在每個比較重要的區塊都要宣告一個變數保存，這樣在後續除錯維護上會比較容易找到問題。

我們現在可以找出「第一頁」全部的文章標題了，但如果想要看到後面幾頁的文章怎麼辦？接下來就會嘗試在程式裡換頁囉！

3.2 換頁

當我們在網頁中按下第二頁或下一頁後，可以發現網址變成 https://ithelp.ithome.com.tw/articles?tab=tech&page=2，多了一個查詢字串參數 page=2，代表網站會用這個參數來控制當下要顯示的頁數。我們可以手動把網址的參數改成 page=5、page=20，試試看是否真的可以用這個參數來控制頁數。

再檢視「下一頁」按鈕的元素，發現是超連結 a 標籤。

圖 3-14　下一頁按鈕

資料來源　https://ithelp.ithome.com.tw/

所以我們發現了兩種換頁的方式：

1. 改變網址中的 page 參數，發每一頁的請求出去

2. 抓到畫面中下一頁按鈕的超連結網址，抓到後用來發請求

3.2.1 改變網址參數

先用內建方法 range() 來指定要抓的頁數範圍，①處 range(1, 11) 代表抓 1~10 頁；②用 f-strings 組合出每一頁的網址。

```python
import requests
from bs4 import BeautifulSoup

# 抓取 1~10 頁
for page in range(1, 11) ①:
    titles = []
    html_doc = requests.get(f'https://ithelp.ithome.com.tw/
articles?tab=tech&page={page}').text ②
    soup = BeautifulSoup(html_doc, 'lxml')

    # 先找到文章區塊
    article_tags = soup.find_all('div', class_='qa-list')

    for article_tag in article_tags:
        # 再由每個區塊去找文章連結
        title_tag = article_tag.find('a', class_='qa-list__title-link')
        titles.append(title_tag.text)

    print(f'Page: {page}')
    print(f'Titles: {titles}')
    print('================================')
```

需要注意的是，如果抓到超過最後一頁時，列表中會顯示「此分類沒有文章」，此時就應該適時的結束換頁並停止抓取，不然程式會無止盡的跑下去。例如目前最後一頁是 2699，在網址中把頁數改成 2700。

```
html_doc = requests.get('https://ithelp.ithome.com.tw/
articles?tab=tech&page=2700').text
soup = BeautifulSoup(html_doc, 'lxml')

article_tags = soup.find_all('div', class_='qa-list')

# 沒有文章
if len(article_tags) == 0:
    # 跳出換頁迴圈或離開程式
    print('沒有文章了！')
```

3.2.2　抓下一頁的網址

　　前面有檢視過「下一頁」按鈕的元素，發現有好幾種選擇器可以抓到下一頁的連結。

1.　用文字內容判斷。但如果網站換了文字，就會失效（例如從下一頁換成 >>）。

2.　從 ul 開始，抓最後一個 li 底下的 a。但如果網站換了按鈕順序，就會失效（例如最後一頁拿掉下一頁按鈕）。

3. 直接用 a 的 rel 屬性來抓。但如果網站換了這個標籤的屬性,就會
   失效。

```
soup.select_one('a:contains(" 下一頁 ")')
soup.select_one('ul.pagination > li:last-child > a')
soup.select_one('a[rel=next]')
```

　　以筆者的過往經驗來看,前兩個比較常有失效的狀況,我們先以
第三個來試試看。每收到一個頁面的回應,在①處找出下一頁的連結
網址並保存下來,蒐集完當頁的資料後,②處遞增當前頁數,直到蒐
集完所有目標資料。

```
# 抓取 1~5 頁
current_page = 1
end_page = 5

# 起始頁面網址
target_url = 'https://ithelp.ithome.com.tw/articles?tab=tech'

while(current_page <= end_page):
    html_doc = requests.get(target_url).text
    soup = BeautifulSoup(html_doc, 'lxml')

    # 取得下一頁網址
    target_url = soup.select_one('a[rel=next]')['href'] ①

    # ... 蒐集當頁資料 ...

    current_page = current_page + 1 ②
```

這種方式一樣也需要注意最後一頁的問題，到最後一頁的畫面檢查下一頁的元素，發現上層的 li 標籤多了一組 class="disabled" 屬性，而且 a 標籤不見了。所以在程式中可以多做這樣的判斷：

```
while(current_page <= end_page):
    # ...略過

    # 取得下一頁標籤
    next_page_tag = soup.select_one('a[rel=next]')

    # 如果抓不到會得到 None，跳出迴圈
    if not next_page_tag:
        break
    target_url = next_page_tag['href']

    # ...略過
```

3.3 內文

這邊我用我在 iT 邦幫忙鐵人賽系列文的最後一篇文章，作為爬取內文的目標，剛好這篇也有人回應，方便說明之後的範例。【Day 32】Scrapy 爬取 iT 邦幫忙的回文：https://ithelp.ithome.com.tw/articles/10228719

3.3.1　決定選擇器

在內文中點選「右鍵 > 檢查」打開開發人員工具，可以直接定位到內文的元素 div.markdown__style，雖然上兩層還有 div.qa-markdown 和 div.markdown，但之下都只有一個子元素，所以直接定位到 div.markdown__style 就可以了。

圖 3-15　定位內文元素

資料來源　https://ithelp.ithome.com.tw/articles/10228719

```
html_doc = requests.get('https://ithelp.ithome.com.tw/
articles/10228719').text
soup = BeautifulSoup(html_doc, 'lxml')

# 內文元素
content = soup.find('div', class_='markdown__style')

print(content.text)
```

3.3.2　文字內容前處理

使用 content.text 取到的是 div.markdown__style 標籤下所有文字節點的內容,官方建議使用 get_text() 方法來取文字,才能正確取得一些特殊字元(例如 \n)。

如果蒐集的資料是為了分析使用,一般不會把 \n 或 \r 這類的空白字元存下來,可以額外傳入 strip 參數把空白字元過濾掉。

content.get_text(strip=True)

如果要對每個文字節點做額外處理,可以用 stripped_strings 這個屬性取得 generator。

[text for text in content.stripped_strings]

如果要取得含有 HTML 標籤的結果,可以用 decode_contents() 方法。

content.decode_contents()

iT 邦幫忙的 HTML 結構相對不複雜,所以抓內容的時候不太需要額外處理,之後會再用其他網站來說明練習。

3.4　文章資訊

通常蒐集的資料範圍不會只有文章標題和內文,還會有作者、發文時間、標籤,甚至是瀏覽數、回文等比較詳細的資訊。這個小節先來抓取比較一些基本的資訊。

3.4.1　區塊定位

前一小節抓內文的範例,是直接使用 div.markdown__style 這個選擇器,在前面的內容也有提到,我們可以先把元素定位在外層一點的地方,這樣後續比較好閱讀程式碼,執行起來也會比較快。

以 iT 邦幫忙來說,筆者建議先把元素定位在 div.leftside,這樣不管是要抓原文或者下面的回文都可以從這邊開始。

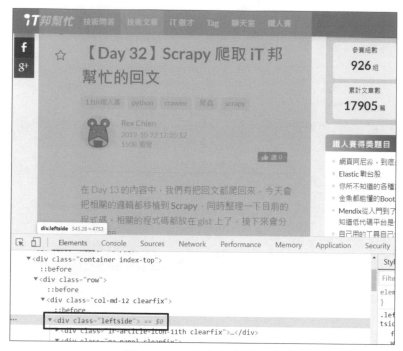

圖 3-16　定位文章資訊元素

資料來源　https://ithelp.ithome.com.tw/articles/10228719

　　而要抓原文資訊時，就可以定位在 div.qa-panel，再根據要抓取的目標來往下找。

```
html_doc = requests.get('https://ithelp.ithome.com.tw/articles/
10228719').text
soup = BeautifulSoup(html_doc, 'lxml')

leftside = soup.find('div', class_='leftside')
original_post = leftside.find('div', class_='qa-panel')
```

3.4.2　作者

雖然直接用 a.ir-article-info__name 就可以抓到作者名稱了，但這邊建議先定位在 div.qa-header，因為這個區塊包含了大部分我們要的資訊。

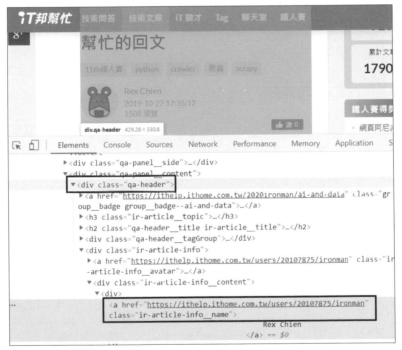

圖 3-17　定位作者元素

資料來源　https://ithelp.ithome.com.tw/articles/10228719

這邊會發現作者名稱前後有一堆空白，可以用①或②的方法去除多餘字元，通常取文字內容時也建議要這樣做。

```
article_header = original_post.find('div', class_='qa-header')
article_info = article_header.find('div', class_='ir-article-info__content')

article_author = article_info.find('a', class_='ir-article-info__name')
print(article_author.get_text(strip=True)) ①
# print(article_author.get_text().strip()) ②
```

3.4.3　發文時間

剛剛有先偷偷存一個 article_info 變數就是為了抓發文時間用的，因為 a.ir-article-info__time 元素就在裡面。

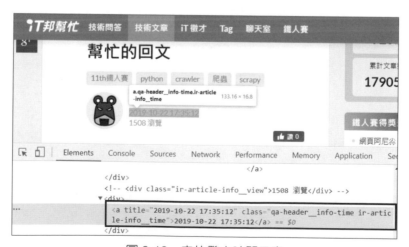

圖 3-18　定位發文時間元素

資料來源　https://ithelp.ithome.com.tw/articles/10228719

因為每個網站的時間顯示格式都不太一樣，建議先轉換成 Python 的 datetime 物件，之後再視情況統一處理。

```python
from datetime import datetime

published_time_str = article_info.find('a', class_='ir-article-info__time').get_text(strip=True)
published_time = datetime.strptime(published_time_str, '%Y-%m-%d %H:%M:%S')
```

3.4.4　文章標籤

元素位置在我們一開始宣告的 article_header 底下，要抓的是 div.qa-header__tagGroup 底下每一個 a.tag 的文字內容。

```python
tag_group = article_header.find('div', class_='qa-header__tagGroup')
tags_element = tag_group.find_all('a', class_='tag')

tags = [tag_element.get_text(strip=True) for tag_element in tags_element]
```

圖 3-19　定位文章標籤元素

資料來源 :https://ithelp.ithome.com.tw/articles/10228719

3.4.5　瀏覽數

元素位置在 article_info 底下，要抓的是 div.ir-article-info__view 標籤的文字內容。

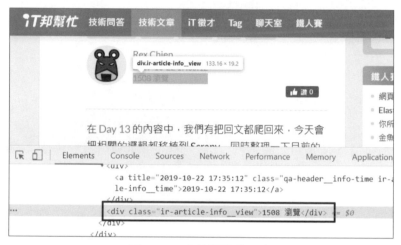

圖 3-20　定位瀏覽數元素

資料來源　https://ithelp.ithome.com.tw/articles/10228719

注意這邊取到的文字是 **1508 瀏覽**，如果只要數字部份的話，有兩個方式處理：

1.　直接把「瀏覽」字串移除（注意有個空白）

2.　用正規表示式把數字抓出來

```
view_count = article_info.find('div', class_='ir-article-info__
view').get_text(strip=True)

view_count = int(view_count_str.replace(' 瀏覽', '')) ①
```

```
import re
view_count = int(re.search('(\d+).*', view_count_str).group(1)) ②
```

3.5 回文

除了原文外，回文常常也是重要的資料來源之一（特別是論壇類型的網站）。這個小節會說明怎麼抓到回文資料。

3.5.1 區塊定位

一樣我們要先在畫面上找到回文的區塊，觀察後可以發現 div. response 可以取得每個回文最外層的元素。

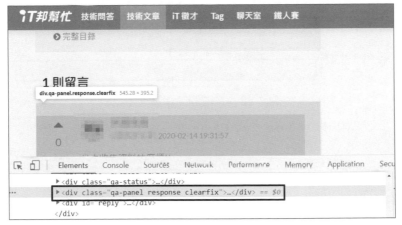

圖 3-21　定位回文區塊

資料來源　https://ithelp.ithome.com.tw/articles/10228719

```
responses = leftside.find_all('div', class_='response')
print(f'留言數：{len(responses)}')
```

3.5.2　回文作者

先尋找 div.qa-panel__content，方便之後找回文內容，再尋找
div.response-header__info，方便之後找回應時間，最後就可以找到
a.response-header__person 取得回文作者名稱了。

圖 3-22　定位回文作者元素

資料來源　https://ithelp.ithome.com.tw/articles/10228719

如果確定上層區塊中沒有其他相同選擇器的元素，其實都可以直
接定位到目標元素，但筆者是認為長期來看，分層抓比較好維護。

```
response_authors = []

for response in responses:
```

```
panel = response.find('div', class_='qa-panel__content')
header = panel.find('div', class_='response-header__info')
response_authors.append(\
    header.find('a', class_='response-header__person').get_
text(strip=True)\
)
```

3.5.3 回應時間

回應時間的資訊，是在前面存的 header 元素底下的 a.ans-header__time。

圖 3-23 定位回應時間元素

資料來源 https://ithelp.ithome.com.tw/articlcs/10228719

```
for response in responses:
    # ... 略過
    time_str = header.find('a', class_='ans-header__time').get_
text(strip=True)
    response_times.append(datetime.strptime(time_str, '%Y-%m-%d
%H:%M:%S'))
```

3.5.4　回文內容

看到這裡時，大家應該都很會找元素了吧，一定一眼就能看出來回文內容就是在 panel 元素的 div.markdown__style 中！

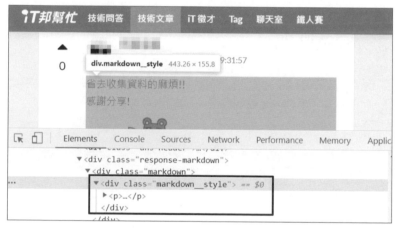

圖 3-24　定位回文內容元素

資料來源　https://ithelp.ithome.com.tw/articles/10228719

```
for response in responses:
    # ...略過
    response_contents.append(\
        panel.find('div', class_='markdown__style').get_text(strip=True)\
    )
```

目前為止我們已經可以完整抓到 iT 邦幫忙每篇文章的內容了！但是目前這些資料都還只存在於 Python 執行環境中，執行階段結束後就會全部不見。抓回來的資料還是要能保存下來才有價值，下一章接著來了解怎麼把這些資料持久化。

CHAPTER

4

資料持久化

寫完蒐集資料的程式後，接著要選擇儲存資料的方式，通常會選擇關聯式資料庫（SQL/RDBMS）或非關聯式資料庫（NoSQL）。本書會分別選擇 PostgreSQL 和 MongoDB 來做說明。

4.1　PostgreSQL

4.1.1　安裝

讀者可以選擇要在本機安裝獨立的資料庫實體，或者使用 Docker 容器。

》 本機資料庫實體

前往官網（https://www.postgresql.org/download/）下載對應作業系統版本的安裝檔，下載完成後執行，接著只要跟著步驟指示就能完成安裝。

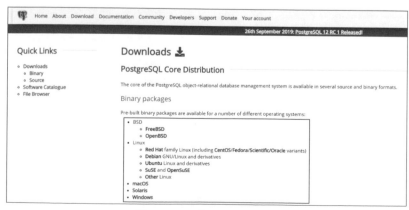

圖 4-1　下載 PostgreSQL

» Docker 容器

直接使用官方的 PostgreSQL image。

1. 取得映像檔

```
docker pull postgres
```

2. 啟動容器

```
docker run --name ithome-postgres -e POSTGRES_PASSWORD=<server_
admin_password> -v E:\ithome\postgres:/var/lib/postgresql/data
-d postgres
```

這邊只有設定容器必要的參數，如果讀者想要做其他調整，可以到 https://hub.docker.com/_/postgres 了解其他參數。想要深入了解 docker 的讀者可以自行至官網閱讀文件：https://docs.docker.com/get-started/。

» 管理工具

筆者是使用官方的 pgAdmin 來作為 PostgreSQL 的管理工具。如果是用本機安裝的資料庫實體，預設就會包含 pgAdmin 可以使用。如果是用 Docker 容器的資料庫實體，就需要到網站上下載（https://

www.pgadmin.org/download/）後安裝，或者使用容器化的 pgAdmin

（https://hub.docker.com/r/dpage/pgadmin4/）。

4.1.2　初始化資料庫

啟動 pgAdmin 管理工具，在瀏覽器輸入「http://127.0.0.1:50677」

來進入管理工具畫面。

在左側選單的 Databases 點選右鍵，選擇「Create > Database」，

輸入資料庫名稱後就可以建立一個新的資料庫。

圖 4-2　建立資料庫

　　資料庫建立完成後，Databases 下會出現剛剛建立的資料庫。在「Schemas > public > Tables」選項點選右鍵，選擇「Create > Table」來建立新的資料表。

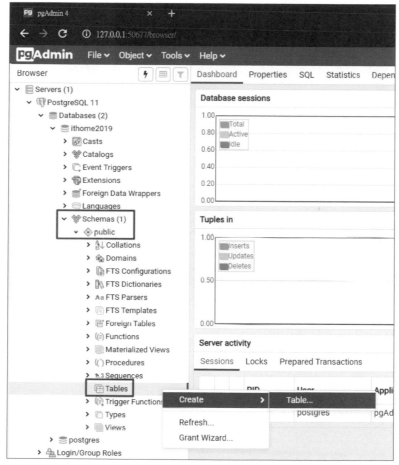

圖 4-3　建立資料表

建立 ithome_article 資料表，對應我們前面蒐集的文章資料。其中所有欄位的定義如下表：

Name	Data Type	Length	Not NULL?	Primary Key?
id	serial		YES	YES
title	character varying	100	YES	NO
url	character varying	500	YES	NO
author	character varying	50	YES	NO
publish_time	timestamp without timezone	6	YES	NO
tags	character varying	100	NO	NO
content	text		NO	NO

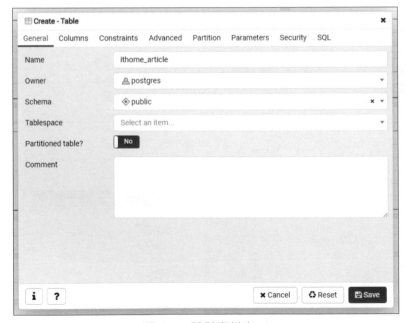

圖 4-4　設計資料表 -1

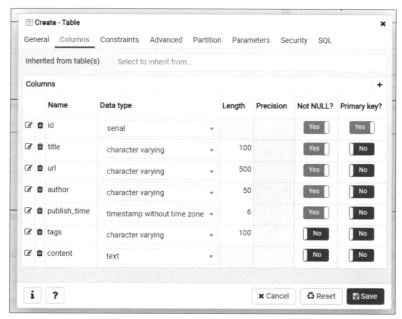

圖 4-5　設計資料表 -2

　　點選「Save」儲存後，就可以在 Tables 選項下看到我們剛剛建立
的資料表了。

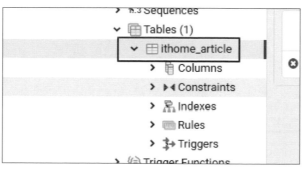

圖 4-6　設計資料表 - 儲存

4.1.3　在程式中使用資料庫

先進入虛擬環境並安裝套件，本書使用最受歡迎的 psycopg2 套件
來操作 PostgreSQL 資料庫。

```
>>> pipenv shell
>>> pipenv install psycopg2


E:\ithome
(ithome-c_p7LYpE) λ pipenv install psycopg2
Installing psycopg2...
Adding psycopg2 to Pipfile's [packages]
Installation Succeeded
Pipfile.lock (ec89eb) out of date, updating to (bc31da)…
Locking [dev-packages] dependencies…
Locking [packages] dependencies…
Success!
Update Pipfile.lock (ec89ed)!
Installing dependencies from Pipfile.lock (ec89eb)…
=============================== 9/9 - 00:00:03
```

安裝完成後，嘗試寫入一筆資料到前面建立的資料表中。①要
填入前面建立的資料庫 Database 名稱；②要填入安裝時設定的密
碼；③處呼叫 psycopg2.connect 方法來建立資料庫連線。我用我在
iT 邦幫忙鐵人賽撰寫的第一篇文章（https://ithelp.ithome.com.tw/
articles/10215484）為例，蒐集回來的資料結構會是④的資料。最後
在⑤處呼叫 cursor.execute 方法，實際把資料寫進資料庫。

```python
import psycopg2
from datetime import datetime

host = 'localhost'
user = 'postgres'
dbname = '<your_database>'①
password = '<server_admin_password>'②

conn_string = f'host={host} user={user} dbname={dbname} password={password}'
conn = psycopg2.connect(conn_string) ③
print('資料庫連線成功！')

cursor = conn.cursor()

article = {
    'title': '【Day 0】前言',
    'url': 'https://ithelp.ithome.com.tw/articles/10215484',
    'author': 'Rex Chien',
    'publish_time': datetime(2019, 9, 15, 15, 50, 0),
    'tags': '11th 鐵人賽,python,crawler,webscraping,scrapy',
    'content': '從簡單的商品到價提醒,到複雜的輿情警示、圖形辨識,「資料來源」都是基礎中的基礎。但網路上的資料龐大而且更新很快,總不可能都靠人工來蒐集資料。'
}④
cursor.execute('''
    INSERT INTO public.ithome_article(title, url, author,
publish_time, tags, content)
    VALUES (%(title)s,%(url)s,%(author)s,%(publish_time)s,%(tags)s,
%(content)s);
    ''',
    article) ⑤
```

```
print('資料新增成功！')

conn.commit()
cursor.close()
conn.close()
```

執行上面這段程式碼之後，在管理程式中選擇剛剛建立的資料表 ithome_article，點選上方的 View Data 按鈕，就可以在右邊的 Data Output 頁籤中看到我們剛剛新增的資料了。

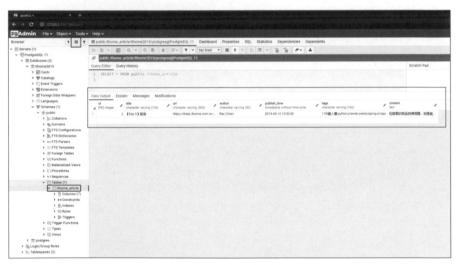

圖 4-7　檢視資料表

現在我們已經知道怎麼把資料寫進資料庫中了。接下來會修改前面的爬蟲程式，把 iT 邦幫忙的文章資料寫進資料庫中。

可以到 github 上查看完整的 iThome 爬蟲程式：https://github.com/rex-chien/ithome-scrapy/blob/main/ch3/ithome_crawler.py

其中幾個重點方法：

1. crawl_list()：蒐集列表頁資料，找出每篇文章的連結

2. crawl_content()：找出文章標題、作者、內文等資料

3. crawl_response()：找出回文的作者、內文等資料

4.1.4　寫入文章資料

因為目的地資料庫可能會是不同環境，例如從 PostgreSQL 變成 MySQL，或者變成後面會提到的 MongoDB，所以這邊可以把與資料庫有關的邏輯抽取到另一個方法，跟原本爬取的邏輯分開來。

小提醒

將剖析 HTML 原始碼的邏輯和資料持久化的邏輯隔離開，未來如果資料要保存到其他資料庫，修改程式時不會動到剖析的邏輯，可以降低維護成本。

```
import psycopg2

host = 'localhost'
user = 'postgres'
dbname = '<your_database>'
```

```python
password = '<server_admin_password>'
conn_string = f'host={host} user={user} dbname={dbname}
password={password}'
conn = psycopg2.connect(conn_string)

cursor = conn.cursor()

def crawl_content(url):
    # ... 略

    insert_db(article)

def insert_db(article):
    """ 把文章插入到資料庫中

    :param article: 文章資料
    """
    cursor.execute('''
    INSERT INTO public.ithome_article(title, url, author,
publish_time, tags, content)
    VALUES (%(title)s,%(url)s,%(author)s,%(publish_time)s,%(tags)s,
%(content)s);
    ''',
    article)

    print(f'[{article["title"]}] 新增成功！')

    conn.commit()

cursor.close()
conn.close()
```

❯❯ 增加欄位

前面新增資料表時，我少開了一個瀏覽數的欄位，現在順便來練習如何在已有的資料表中增加欄位。

在要加欄位的資料表上按「右鍵 > Create > Column」，填入對應的資訊後按「Save」。

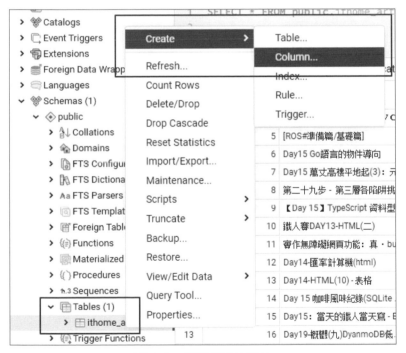

圖 4-8　從選單增加欄位

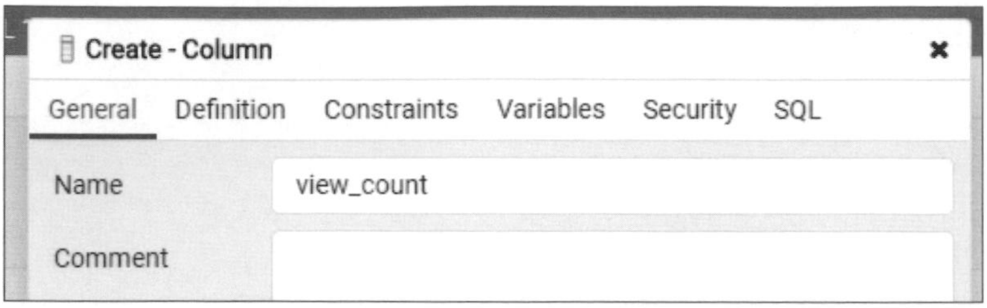

圖 4-9　增加欄位 - 一般資訊

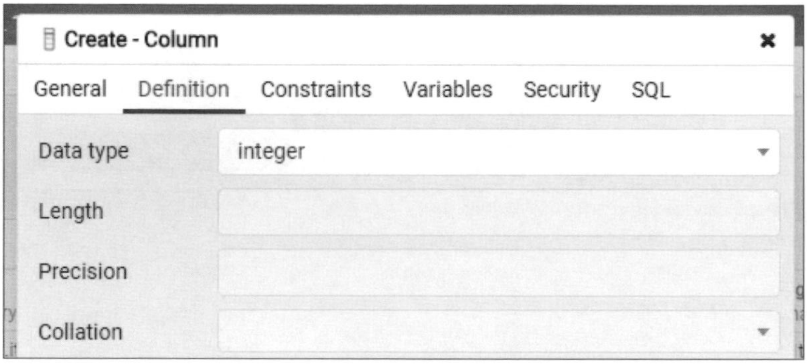

圖 4-10　增加欄位 - 定義

新增好欄位之後，再一併修改原本的 INSERT 語法，就可以看到
剛剛抓下來的這些資料囉！

```
def insert_db(article):
    """ 把文章插入到資料庫中

    :param article: 文章資料
    """
    cursor.execute('''
    INSERT INTO public.ithome_article(title, url, author,
publish_time, tags, content, view_count)
```

```
    VALUES (%(title)s,%(url)s,%(author)s,%(publish_time)s,%(tags)s,
%(content)s,%(view_count)s);
    ''',
    article)

    conn.commit()
```

4.1.5 寫入回文資料

除了文章資料外,我們要再把回文的資料也寫進到資料庫中。首先建立 ithome_response 資料表,並定位相關欄位,如下:

Name	Data Type	Length	Not NULL?	Primary Key?
id	serial		YES	YES
article_id	integer		YES	NO
author	character varying	50	YES	NO
publish_time	timestamp without timezone	6	YES	NO
content	text		NO	NO

需要特別注意這張表格有建立一個外來鍵 article_id,作為跟原文的關聯。在設計資料表時,也要加上這個外來鍵的限制。

小提醒

外來鍵雖然不是必要的,但以資料庫設計的角度來看,它可以增加從主文查詢所有回文的效能,也可以避免資料庫中遺留孤兒回文資料。

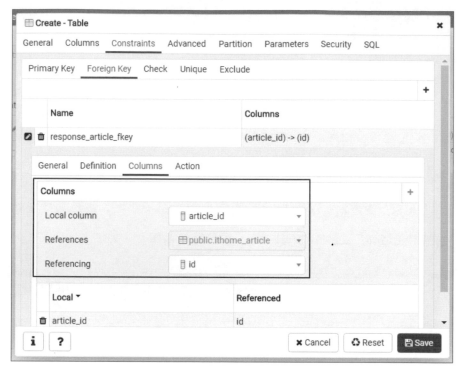

圖 4-11　設定外來鍵

　　在寫入回文資料之前，我們需要先知道原文的識別值，這個識別值是新增後由資料庫自動產生的，所以要先調整原本的 insert_article() 方法來取得資料庫自動產生的 sequence id，作為回文的外來鍵使用。①處在原本的新增語法後加上了「RETURNING id」來取得資料庫自動產生的識別值，最後在②處取得並回傳。

```python
def insert_article(article):
    """ 把文章插入到資料庫中
    :param article: 文章資料

    :return: 文章 ID
    :rtype: int
    """
    cursor.execute('''
    INSERT INTO public.ithome_article(title, url, author,
publish_time, tags, content, view_count)
    VALUES (%(title)s,%(url)s,%(author)s,%(publish_time)s,%(tags)s,
%(content)s,%(view_count)s);
    RETURNING id; ①
    ''',
    article)

    conn.commit()

    return cursor.fetchone()[0] ②
```

取得原文的識別值後，再新增一個 insert_responses() 方法，將回文資料寫進資料庫中。

```python
def insert_responses(responses):
    """ 把回文插入到資料庫中
    :param responses: 回文資料
    """
    for response in responses:
        cursor.execute('''
        INSERT INTO public.ithome_response(article_id, author,
publish_time, content)
```

```
        VALUES (%(article_id)s,%(author)s,%(publish_time)s,%
(content)s);
        ''',
        response)


    conn.commit()
```

4.1.6　判斷是否重複

在前面的內容中，我們已經把文章和回應都存到資料庫中了。但如果都是用新增的方式，每次執行時，抓到同一篇文章都會在資料庫中多出一筆重複的資料，這很容易造成後續分析時的誤差。爬蟲程式應該要試著判斷文章和回應是否重複，如果重複就改成更新資料。對於文章或者回應，我們都需要找出可以用來「識別」的標的，以作為判斷重複的依據。

》 文章

以 iT 邦幫忙的文章為例，每次編輯時都可以修改「標題」、「內容」和「標籤」，所以這三個欄位不適合拿來識別。而「作者」和「發文時間」雖然不會變，但一個作者可能會有多篇文章，也有多個使用者在相同時間發文，所以這兩個欄位也不適合拿來做識別。用刪去法扣一扣，就剩下「網址」可以用來識別了。其實在大部分的內容型網站中，網址通常都是適合作為識別的資料。

　　在原本的程式中，只要稍微調整新增時使用的語法就可以達成檢查重複並更新的目的了。

　　在原本 INSERT 語法的結尾處，加上如①處的 ON CONFLICT(url) 語法，代表在 url 欄位重複時，要執行②處 DO UPDATE 的動作，更新標題、文章標籤、內文等欄位。

```
INSERT INTO public.ithome_article(title, url, author, publish_
time, tags, content, view_count)
VALUES (%(title)s,%(url)s,%(author)s,%(publish_time)s,%(tags)
s,%(content)s,%(view_count)s)
ON CONFLICT(url) ① DO UPDATE ②
    SET title=%(title)s,
        tags=%(tags)s,
        content=%(content)s,
        update_time=current_timestamp;
RETURNING id;
```

小提醒

> 需要特別注意，書中是利用 PostgreSQL 的 ON CONFLICT 語法來完成的，不同的資料庫可能會有不同的實作方式，例如 MySQL 是 ON DUPLICATE KEY。

同時，要在 ithome_article 資料表中加上一組 **unique constraint**，代表這個欄位在資料表中不能出現重複的值，如果嘗試加入相同的值，資料庫會有錯誤提示。這個限制同時也能提高判斷重複的效能。

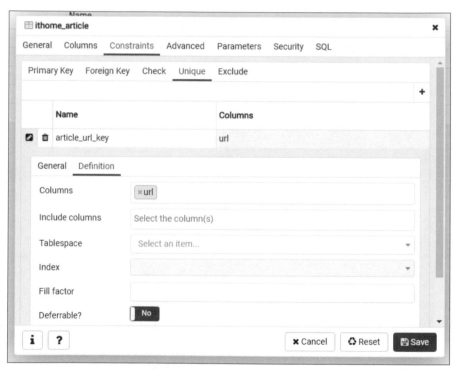

圖 4-12　新增條件式

為了觀察資料是否有更新，我也加入一個 update_time 欄位，新增或修改時都會設定為當下時間。

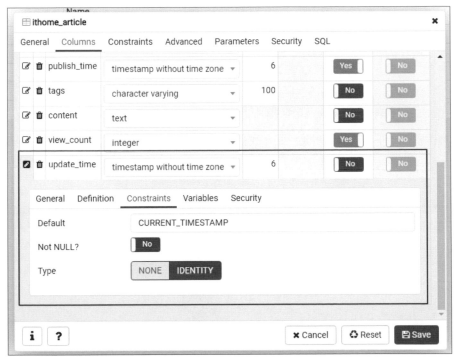

圖 4-13　新增 update_time 欄位

》 回應

跟文章不同，回應沒有獨立的網址可以判斷是否重複。直覺想到有兩種簡單的方式：

1. 每次抓回應前，都把屬於原本文章的回應都刪除，重抓再新增
   - 資料量大的時候對資料庫負擔比較大

2. 用作者名稱和發文時間來作為識別值
   - 不排除可能會有一個作者同時發兩篇文的情況，而且如果作者換了暱稱也無從判斷

這兩個方法都有比較高的風險在，那要怎麼做比較好呢？再仔細觀察一下 HTML 原始碼，我們會在回應的區塊中發現一個神祕的元素：

圖 4-14　HTML 原始碼 - response id

資料來源　https://ithelp.ithome.com.tw/

多觀察了同一篇文章的多個回應和其他文章的回應後，發現這個 name 屬性值在 response 後面的數字都不同，確實代表了回應的識別值。

> 魔鬼藏在細節裡。只要細心觀察目標網站的 HTML 結構，有時候就會得到驚喜的結果。

在抓回應的 crawl_response() 方法中加上一段剖析回應識別值的程式碼。

```
# 回應 ID
result['id'] = int(response.find('a')['name'].replace('response-', ''))
```

並修改 insert_responses() 中新增的語法，加上 ON CONFLICT 來指定當 id 欄位重複時要執行的動作。

```
cursor.execute('''
INSERT INTO public.ithome_response(id, article_id, author,
publish_time, content)
VALUES (%(id)s, %(article_id)s,%(author)s,%(publish_time)
s,%(content)s)
ON CONFLICT(id) DO UPDATE
    SET content=%(content)s;
''',
response)
```

因為原本的 id 欄位是由資料庫維護的流水號 sequence 類型，要改成一般的 integer 才能自行設定這個欄位的值。在資料表上點選「右鍵 > Properties」，修改 id 欄位，把 Constraints 的 Default 值拿掉（原本可能是 nextval('ithome_response_id_seq'::regclass)）。

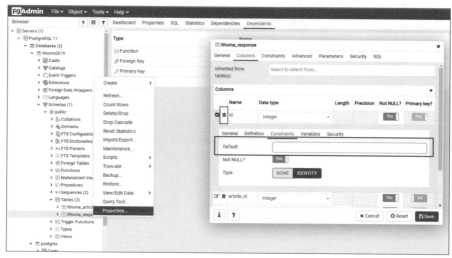

圖 4-15　修改 ithome_response 欄位定義

　　可以在 github 上取得完整原始碼：https://github.com/rex-chien/ithome-scrapy/blob/main/ch4/postgres/ithome_crawler_postgres.py

4.2　NoSQL

　　抓下來的資料通常要經過一系列的統計分析再呈現結果給使用者，這種資料一般稱為原始資料，這些資料還會經過一系列的資料清洗才會拿來分析呈現。通常未處理的原始資料會儲存在所謂的 NoSQL 中，接著來學習如何建立並使用 MongoDB 來儲存資料。

> SQL 和 NoSQL 有各自的優缺點，端看使用場景來決定要使用哪一種類型，沒有絕對的好壞。可以到 MongoDB 的官網來初步了解 NoSQL 的特性：https://www.mongodb.com/nosql-explained。

4.2.1　安裝

　　讀者可以選擇要在本機安裝獨立的資料庫實體，或者使用 Docker 容器。

≫ 本機資料庫實體

　　在官方的安裝說明（https://docs.mongodb.com/manual/installation/#mongodb-community-edition-installation-tutorials）找到對應的作業系統，並參考對應的說明文件來安裝 MongoDB 環境。

>> Docker 容器

直接使用官方的 MongoDB image（https://hub.docker.com/_/mongo)。

1. 取得映像檔

```
docker pull mongo
```

2. 啟動容器

```
docker run --name ithome-mongo -e
MONGO_INITDB_ROOT_PASSWORD=<mysecretpassword> -v E:\ithome\
mongo:/data/db -d mongo
```

>> 管理工具

可以使用官方的 MongoDB Compass（https://www.mongodb.com/products/compass）來作為 MongoDB 的管理工具。如果是用本機安裝的資料庫實體，預設就會包含 MongoDB Compass 可以使用。如果是用 Docker 容器的資料庫實體，就需要到網站上下載後安裝。

4.2.2 初始化資料庫

進入管理工具後,點選左下角的「+」符號,建立新的 Database。

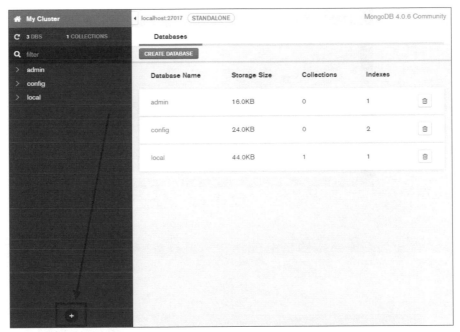

圖 4-16 　建立資料庫 - 點選新增按鈕

會跳出新的視窗,要輸入 Database 名稱和文章資料的 Collection 名稱。

圖 4-17　建立資料庫 - 設定

最後到剛剛新增的 Database 中，再新增一個儲存回文資料的 Collection。

圖 4-18　新增回文的 Collection

因為不需要定義 metadata，所以到這邊就可以開始使用了。再偷懶一點，甚至連 Collection 都可以不用建，程式的執行過程中會自動建立。

4.2.3　在程式中使用資料庫

先進入虛擬環境並安裝套件，本書使用 pymongo 套件來操作 MongoDB 資料庫。

```
>>> pipenv shell
>>> pipenv install pymongo

E:\ithome
(ithone-c_p7LYpE) λ pipenv install pymongo
Installing pymongo...
Adding pymongo to Pipfile's [packages]
Installation Succeeded
Pipfile.lock (c61e04) out of date, updating to (ec89eb)…
Locking [dev-packages] dependencies…
Locking [packages] dependencies…
Success!
Update Pipfile.lock (c61e04)!
Installing dependencies from Pipfile.lock (c61e04)…
============================== 10/10 - 00:00:02
```

安裝完成後，嘗試寫入一筆資料到前面建立的資料表中。①要填入前面建立的資料庫 Database 名稱。以我在 iT 邦幫忙鐵人賽撰寫的系列文的第一篇文章為例，蒐集回來的資料結構會是②的資料。最後在③處把資料寫進資料庫，並取得自動產生的識別值。

```
from pymongo import MongoClient
from datetime import datetime

host = 'localhost'
dbname = 'ithome' ①

client = MongoClient(host, 27017)
print('資料庫連線成功！')

db = client[dbname]
article_collection = db.article

article = {
    'title': '【Day 0】前言',
    'url': 'https://ithelp.ithome.com.tw/articles/10215484',
    'author': 'Rex Chien',
    'publish_time': datetime(2019, 9, 15, 15, 50, 0),
    'tags': '11th 鐵人賽,python,crawler,webscraping,scrapy',
    'content': '從簡單的商品到價提醒，到複雜的輿情警示、圖形辨識，「資料來
源」都是基礎中的基礎。但網路上的資料龐大而且更新很快，總不可能都靠人工來蒐集
資料。',
    'view_count': 129
} ②
article_id = article_collection.insert_one(article).inserted_id ③

print(f'資料新增成功！ ID: {article_id}')

client.close()
```

執行之後就可以在資料庫中看到多了一筆紀錄，其中多了一個 _id
欄位，是由 MongdDB 自行產生的識別值，之後也會用這個欄位來跟
回應做關聯。

圖 4-19　執行後產生的紀錄

4.2.4　寫入文章資料

　　儲存文章時,因為需要回傳一個識別值讓回應可以對應到原文,所以要分兩段邏輯來處理:

1. 用網址來查詢,如果文章不存在就新增一筆,並取得新增後產生的 ObjectId

2. 如果已存在,用 $set 運算式更新,回傳查詢到的文章 _id

```python
def insert_article(article):
    """ 把文章插入到資料庫中

    :param article: 文章資料

    :return: 文章 ID
    :rtype: ObjectId
    """
    # 查詢資料庫中是否有相同網址的資料存在
    doc = article_collection.find_one({'url': article['url']})
```

```
    article['update_time'] = datetime.now()

    if not doc:
        # 沒有就新增
        article_id = article_collection.insert_one(article).
inserted_id
    else:
        # 已存在則更新
        article_collection.update_one(
            {'_id': doc['_id']},
            {'$set': article}
        )
        article_id = doc['_id']


    return article_id
```

4.2.5 寫入回文資料

MongoDB 預設是使用 _id 欄位來做為主鍵，新增時如果沒設定這
個欄位的值，會自動帶入一個 ObjectId 的值。但因為 iT 邦幫忙的回文
資料要以 HTML 原始碼中找到的資訊作為識別值，所以在程式碼中需
要直接指定 _id 欄位。

```
# 回應 ID
result['_id'] = int(response.find('a')['name'].replace('response-', ''))
```

儲存回應的邏輯比較簡單，呼叫 update_one() 方法時多傳入一個 upsert=True 參數，如果找不到更新目標時會自動新增。

```python
def insert_responses(responses):
    """ 把回文插入到資料庫中

    :param responses: 回文資料
    """
    for response in responses:
        response_collection.update_one(
            {'_id': response['_id']},
            {'$set': response},
            upsert=True
        )
```

一樣可以在 github 上取得完整原始碼：https://github.com/rex-chien/ithome-scrapy/blob/main/ch4/mongo/ithome_crawler_mongo.py

蒐集資料的邏輯都跟前面一樣，只有差在寫入資料庫的 insert_article() 和 insert_responses() 方法，改為寫入 MongoDB。

MEMO

進階爬蟲

5.1　反反爬蟲

有些網站可能不太希望自己的內容被爬取，例如比價網站會爬取各個線上購物網站後，讓消費者得以輕鬆比價，這有可能會讓某些網站流失消費者。另外，如果太多外部的爬蟲對伺服器發送請求，也可能造成負載過高而影響到正常使用者的操作。因此有些網站會加入反爬蟲的機制來對付這種非正常的請求。

接下來會介紹幾種常見的反爬蟲方式，同時說明如何避開這些機制。

5.1.1　頻率限制（Rate Limit / Throttle）

大部分的爬蟲都是盡量在短時間內蒐集最多的資料（前幾章的範例便是如此），甚至會用到類似 aiohttp 的非同步模組來進一步提高爬取速率，因此會在短時間內發送很多請求。

網站可以限制請求的頻率來防止這類的爬蟲，例如同一個 IP 每分鐘只能請求 10 次。

≫ 解決方法

利用 random.uniform() 和 time.sleep(secs) 方法，在每次發請求前讓程式暫停一個隨機的秒數，讓請求頻率降低，且間隔不固定也比較不會被認為是爬蟲。

```
import requests
from datetime import time
import random

for page in range(1, 11):
    requests.get('https://.......')
    # 隨機暫停 1~5 秒
    time.sleep(random.uniform(1, 5))
```

5.1.2 驗證碼（Captcha）

驗證碼的全名是 Completely Automated Public Turing test to tell Computers and Humans Apart，主要用來辨認操作者是人類或電腦。當我們用程式在大量蒐集資料時，有些網站會有相關的機制來防止程式繼續蒐集。

常見的 Captcha 有幾種類型：

1. 一段隨機英文字母和數字組成的圖片，常常會加上線條或扭曲的效果來防止電腦辨認

圖 5-1　文字辨識

2. Google 的「 no CAPTCHA reCAPTCHA 」，會用操作行為來判斷操作者是不是機器人

圖 5-2　no CAPTCHA reCAPTCHA

3.　有時會有更進階的圖像辨認

圖 5-3　圖像辨識

≫ 解決方法

如果是文字辨識，可以嘗試以 pytesseract（https://github.com/madmaze/pytesseract）來處理。由於影像辨識的成本及門檻較高，多數實務上會盡可能避開類似機制的網頁。

5.1.3 使用者代理（User-Agent）

User-Agent（簡稱 UA）是包含在請求標頭中的一段資訊，可以用來表示使用者的裝置類型。不同瀏覽器版本、不同裝置、不同網路爬蟲或不同應用程式的 UA 都會不同。例如常見的幾種 UA：

Source Type	User-Agent
Edge	Mozilla/5.0 (Windows NT 10.0; Win64; x64; ServiceUI 14) AppleWebKit/537.36 (KHTML, like Gecko) Chrome/70.0.3538.102 Safari/537.36 Edge/18.18362
Chrome	Mozilla/5.0 (Windows NT 10.0; Win64; x64) AppleWebKit/537.36 (KHTML, like Gecko) Chrome/77.0.3865.90 Safari/537.36
Googlebot	Mozilla/5.0 (compatible; Googlebot/2.1; +http://www.google.com/bot.html)
Bingbot	Mozilla/5.0 (compatible; Bingbot/2.0; +http://www.bing.com/bingbot.htm)
DuckDuckBot	DuckDuckBot/1.0; (+http://duckduckgo.com/duckduckbot.html)
Wget	User-Agent: Wget/1.13.4 (linux-gnu)
curl	curl/7.64.0
requests	python-requests/2.22.0

後面三種（Wget、curl、requests）都不是由瀏覽器發出的請求，很容易辨認。如果目標網站有相關的過濾機制，很容易就可以把「明顯」來自爬蟲的請求擋掉。

解決方法

打開瀏覽器的開發工具，可以看到瀏覽器發出請求時使用的 UA。程式中可以在發請求的時後把 UA 換成瀏覽器使用的值：

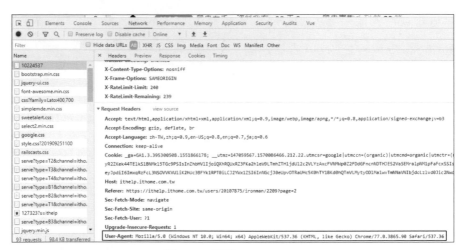

圖 5-4　置換 User-Agent

```
headers = {'User-Agent': 'Mozilla/5.0 (Windows NT 10.0; Win64;
x64) AppleWebKit/537.36 (KHTML, like Gecko) Chrome/77.0.3865.90
Safari/537.36'}
requests.get('https://ithelp.ithome.com.tw/articles?tab=tech',
headers=headers)
```

或者用 fake-useragent 套件（https://github.com/hellysmile/fake-useragent）來幫我們產生一個隨機的 UA。

使用前先安裝套件。

```
>>> pipenv install fake-useragent
```

程式中使用 ua.random 屬性，在可使用的 UA 中隨機選出一個使用。

```
from fake_useragent import UserAgent

ua = UserAgent()
headers = {'User-Agent': ua.random}
requests.get('https://ithelp.ithome.com.tw/articles?tab=tech',
headers=headers)
```

5.1.4　非同步請求

有些網站因為系統架構設計的關係，網站上呈現的資料並沒有在第一次請求時就跟著回應傳送回來，而是在網頁載入後陸續以 AJAX 非同步的方式取得資料顯示在畫面上，或者即時以 JavaScript 計算後再顯示。雖然這樣做的目的不一定是為了反爬蟲，但仍然會增加開發爬蟲的困難。

≫ 用程式操作瀏覽器

如果 JavaScript 都是在瀏覽器載入網頁後才會開始執行，那有沒有辦法在程式中打開瀏覽器，模擬正常使用者的操作之後再把資料抓下來呢？

有兩種方法可以滿足我們的需求，接下來會分別介紹。會以 pythonclock（https://pythonclock.org/）這個倒數的網站來作為範例。

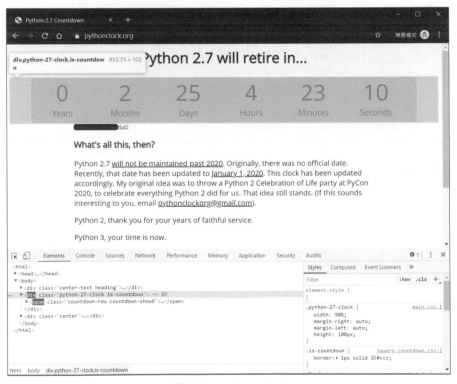

圖 5-5　pythonclock

倒數的時間是在 `<div class="python-27-clock">` 這個元素中，如果直接用一般發送請求的方式來取得 HTML 原始碼，會發現這個元素底下沒有任何其他元素。這是因為網站載入後才用 jQuery countdown 套件來計算倒數時間後才顯示在網頁上。

```python
import requests
from bs4 import BeautifulSoup

html_doc = requests.get('https://pythonclock.org/').text
soup = BeautifulSoup(html_doc, 'lxml')

print(soup.find('div', class_='python-27-clock'))

# <div class="python-27-clock"></div>
```

程式只要能模擬出打開瀏覽器的操作行為，就可以正確抓到這種網站載入後才會顯示的資料了。

≫ Selenium

Selenium 可以把人操作瀏覽器的過程自動化，透過 WebDriver 的 API 介面來操作不同的瀏覽器，過去多用於軟體開發週期中的自動化測試，近幾年在爬蟲領域中也發揮了很大的使用價值。Selenium 支援了絕大多數的主流瀏覽器，書中會以筆者比較常用的 Chrome 來作範例。

首先到官網（https://www.selenium.dev/downloads/）找到不同
瀏覽器的官方文件，下載要使用的 web driver。例如 Chrome 使用的
web driver 要到這邊下載：https://sites.google.com/a/chromium.org/
chromedriver/downloads

再來要安裝 Python 使用的 selenium 套件。

```
>>> pipenv install selenium
```

安裝好套件後，就可以直接用程式操作瀏覽器了。

```python
from selenium import webdriver
from bs4 import BeautifulSoup

# 指定剛剛下載的 webdriver 路徑
driver = webdriver.Chrome('./chromedriver.exe')
# 用瀏覽器連到 pythonclock
driver.get('https://pythonclock.org/')

html_doc = driver.page_source
soup = BeautifulSoup(html_doc, 'lxml')

print(soup.find('div', class_='python-27-clock'))
```

執行時會發現自動打開了 Chrome 瀏覽器並連到指定的網站，此
時就可以抓到有內容的元素了。

```
>>> from selenium import webdriver
>>> from bs4 import BeautifulSoup
>>>
>>> driver = webdriver.Chrome('./chromedriver.exe')

DevTools listening on ws://127.0.0.1:59026/devtools/browser/d604ac6a-68f6-4141-a716-fc0de8f9341d
[1006/195931.661:ERROR:gl_surface_egl.cc(612)] EGL Driver message (Critical) eglInitialize: No available renderers.
[1006/195931.661:ERROR:gl_surface_egl.cc(1057)] eglInitialize D3D9 failed with error EGL_NOT_INITIALIZED
[1006/195931.661:ERROR:gl_initializer_win.cc(196)] GLSurfaceEGL::InitializeOneOff failed.
[1006/195931.664:ERROR:viz_main_impl.cc(167)] Exiting GPU process due to errors during initialization
[1006/195931.779:ERROR:command_buffer_proxy_impl.cc(124)] ContextResult::kTransientFailure: Failed to send GpuChannelMsg
_CreateCommandBuffer.
>>> driver.get('https://pythonclock.org/')
>>>
>>> html_doc = driver.page_source
>>> soup = BeautifulSoup(html_doc, 'lxml')
>>>
>>> print(soup.find('div', class_='python-27-clock'))
<div class="python-27-clock is-countdown"><span class="countdown-row countdown-show6"><span class="countdown-section"><s
pan class="countdown-amount">0</span><span class="countdown-period">Years</span></span><span class="countdown-section"><
span class="countdown-amount">2</span><span class="countdown-period">Months</span></span><span class="countdown-section"
><span class="countdown-amount">25</span><span class="countdown-period">Days</span></span><span class="countdown-section
"><span class="countdown-amount">4</span><span class="countdown-period">Hours</span></span><span class="countdown-sectio
n"><span class="countdown-amount">0</span><span class="countdown-period">Minutes</span></span><span class="countdown-sec
tion"><span class="countdown-amount">28</span><span class="countdown-period">Seconds</span></span></div>
```

圖 5-6　使用 selenium 取得網頁原始碼

» requests-html

　　requests-html 底層是使用 puppeteer，puppeteer 是 Google 開源的
JS 套件，可以用 Headless Chrome 的方式（https://developers.google.
com/web/updates/2017/04/headless-chrome）來執行 Chrome 瀏覽器，
不會有真的瀏覽器視窗跳出來。

　　開始寫程式前，一樣記得先安裝套件。因為底層是使用 Headless
Chrome，不需要額外下載其他 web driver。

```
>>> pipenv install requests-html
```

　　request-html 除了像①處直接取得 HTML 原始碼交給 BeautifulSoup
處理之外，也可以用②處的 CSS 選擇器的方式來直接取得元素。

```
from requests_html import HTMLSession
from bs4 import BeautifulSoup

session = HTMLSession()
r = session.get('https://pythonclock.org/')

r.html.render()
soup = BeautifulSoup(r.html.html, 'lxml')

print(soup.find('div', class_='python-27-clock')) ①
print(r.html.find('div.python-27-clock')) ②
```

```
>>> from requests_html import HTMLSession
>>> from bs4 import BeautifulSoup
>>>
>>> session = HTMLSession()
>>> r = session.get('https://pythonclock.org/')
>>>
>>> r.html.render()
>>> soup = BeautifulSoup(r.html.html, 'lxml')
>>>
>>> print(soup.find('div', class_='python-27-clock'))
<div class="python-27-clock is-countdown"><span class="countdown-row countdown-show6"><span class="countdown-section"><s
pan class="countdown-amount">0</span><span class="countdown-period">Years</span></span><span class="countdown-section"><
span class="countdown-amount">2</span><span class="countdown-period">Months</span></span><span class="countdown-section"
><span class="countdown-amount">24</span><span class="countdown-period">Days</span></span><span class="countdown-section
"><span class="countdown-amount">14</span><span class="countdown-period">Hours</span></span><span class="countdown-secti
on"><span class="countdown-amount">19</span><span class="countdown-period">Minutes</span></span><span class="countdown-s
ection"><span class="countdown-amount">16</span><span class="countdown-period">Seconds</span></span></span></div>
```

圖 5-7　使用 requests-html 取得網頁原始碼

Selenium 和 requests-html 都可以滿足模擬瀏覽器的需求，但因為 requests-html 是使用 Headless Chrome，如果要模擬其他家瀏覽器的操作，就必須要改用 Selenium 和對應的 web driver。實際上要選用哪種就看讀者各自的需求囉！

5.2 練習其他網站

本書前面的內容，已經帶著各位讀者了解怎麼利用 Python 處理網頁的原始資料，循序漸進的觀察 HTML 結構，找出適合的選擇器來萃取目標資料。iT 邦幫忙的網站結構算是非常好處理的，接下來我們會再多觀察幾個不同類型的網站來增加實戰經驗。

5.2.1 中央社新聞

以筆者過去的經驗，新聞是輿論分析中重要的資料來源。本書以中央社的「國際新聞」（https://www.cna.com.tw/list/aopl.aspx）來做說明。

≫ 列表頁

通常進到每個網站的列表頁，我們都要先觀察網站換頁的方式。有些是點了換頁按鈕後發下一頁的 GET 請求來載入下一頁的 HTML，有些則是點了按鈕或將網頁捲到最下面時，透過 AJAX 載入下一頁的資料。

在中央社新聞列表頁的最下方，找到一個「看更多內容」的按鈕，點擊後會載入下一頁的資料。

圖 5-8　中央社新聞換頁功能

資料來源　https://www.cna.com.tw/list/aopl.aspx

在開發人員工具中檢視 AJAX 請求，可以看到在點擊按鈕後發送了一個 POST 請求到 https://www.cna.com.tw/cna2018api/api/WNewsList，Request Payload 中也能看到請求的參數。

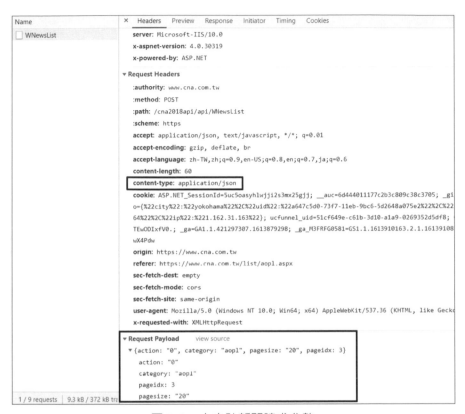

圖 5-9　中央社新聞請求參數

　　其中 action 和 category 參數是固定的。pageidx 是要抓的頁碼，程式中會不斷修改這個參數來換頁。pagesize 是一頁要抓的筆數，可以給大一點的數字來減少請求的次數。

```
import requests

list_url = 'https://www.cna.com.tw/cna2018api/api/WNewsList'
data = {
```

```
        'action': '0',
        'category': 'aopl',
        'pageidx': 1,
        'pagesize': 50,
}
list_response = requests.post(list_url, json=data)
```

收到的回應是 JSON 格式的字串，呼叫回應實例的 .json() 方法
就可以取得反序列化後的 JSON 物件了。我們需要的是 ResultData.
Items 屬性的陣列資料。

```
result = list_response.json()

for item in result['ResultData']['Items']:
    article_url = item['PageUrl']
```

≫ 換頁

在收到的回應中，ResultData.NextPageIdx 屬性代表下一頁的頁
碼，我們可以以此來修改下一頁的參數。到了最後一頁時，這個屬性
會是空字串，在①處我們用這個屬性來判斷是否該結束迴圈。

```
while True:
    #... 剖析完這一頁的資料

    next_page_idx = result['ResultData']['NextPageIdx']
    if not next_page_idx: ①
        break
```

```
data['pageidx'] = next_page_idx
list_response = requests.post(list_url, json=data)
result = json.loads(list_response.text)
```

》 文章資訊

主要的資訊都在 article > div.centralContent 元素下。文章標題是 h1 元素的文字內容。發布時間是 div.updatetime > span 元素下的文字內容。

圖 5-10　中央社新聞內容選擇器

資料來源　https://www.cna.com.tw/news/firstnews/202102210157.aspx

```
article_response = requests.get(article_url)
article_soup = BeautifulSoup(article_response.text, 'lxml')
article_content = article_soup.select_one('article > div.
centralContent')
title = article_content.select_one('h1').get_text(strip=True)
datetime_str = article_content.select_one('div.updatetime >
span').get_text(strip=True)
published_date = datetime.strptime(datetime_str, '%Y/%m/%d %H:%M')
```

新聞內容是在第一個 div.paragraph 元素下，但在 HTML 原始碼中
發現其中有一些跟新聞內容無關的元素，所以我們只需要抓到所有 p
元素的文字內容。

```
content_list = article_content.select_one('div.paragraph').select('p')
stripped_content_list = filter(lambda text: text, map(lambda
elm: elm.get_text(strip=True), content_list))
content = ' '.join(stripped_content_list)
```

有興趣的讀者可以到 github（https://github.com/rex-chien/ithome-
scrapy/blob/main/ch5/cna_crawler.py）上檢視完整的程式碼。

5.2.2　PTT

PTT 是許多聲量分析或輿論分析的重要資料來源，可以透過網頁
版（https://www.ptt.cc/bbs/index.html）來取得文章資料。本書會以
「八卦版」（https://www.ptt.cc/bbs/Gossiping/index.html）為例來做
說明。

首先取得八卦版列表頁的 HTML 原始碼，以取得所有文章的連結。

```
import requests

url = 'https://www.ptt.cc/bbs/Gossiping/index.html'
response = requests.get(url)
```

執行後會發現，我們拿到的原始碼不是預期中的列表頁，而是十八禁警告的頁面。

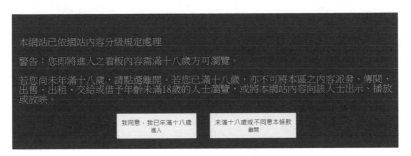

圖 5-11　PTT 十八禁警告

資料來源　https://www.ptt.cc/bbs/index.html

》 網站內容分級規定

PTT 某些看板需要年滿十八歲才能瀏覽，進入時需要同意分級規定後才能繼續。讀者可以先觀察一下平常操作的行為，並不是每次進入都需要點選同意，代表網站可能有用 cookie 記錄使用者同意的行為。我們可以用 Chrome 的開發人員工具來觀察同意前後 cookie 的變化，打開開發人員工具，點選「Application > 左側的 Storage > Cookies > https://www.ppt.cc」，發現點選同意後，多了一組名稱為 over18、值為 1 的 cookie。

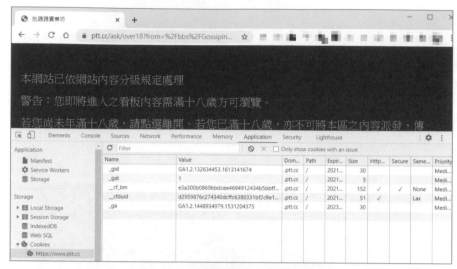

圖 5-12　點選同意前的 cookies

資料來源　https://www.ptt.cc/bbs/index.html

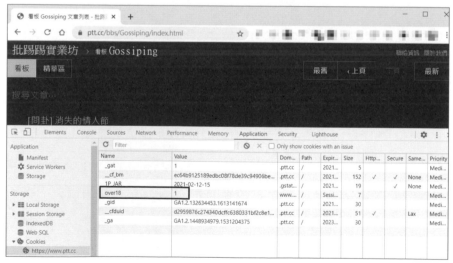

圖 5-13　點選同意後的 cookies

資料來源　https://www.ptt.cc/bbs/Gossiping/index.html

在發請求時,在表頭中多加入這組 cookie,就可以正確取得列表頁的原始碼了。

```
import requests

url = 'https://www.ptt.cc/bbs/Gossiping/index.html'
response = requests.get(url, cookies={'over18': '1'})
```

》 列表頁

觀察網頁原始碼可以發現,列表頁中每一篇文章的資訊都在 div.r-ent 元素中,文章的標題和連結都在文章資訊下的 div.title > a 元素中。如果文章已經被刪除,在 div.title 元素下就不會有 a 元素。

圖 5-13　PTT 文章列表選擇器

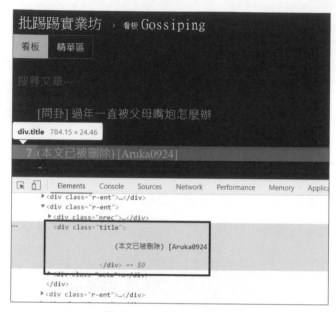

圖 5-14　被刪除的文章

資料來源　https://www.ptt.cc/bbs/Gossiping/index.html

在下方程式中，在①處抓到每篇文章資訊的元素，在②處抓到文章標題的元素，③處判斷文章標題元素是否存在，若否則代表文章已被刪除，不處理。由於 PTT 網站列表頁使用的超連結是相對路徑，所以在④處要記得補上前綴完整的網站路徑。

```
soup = BeautifulSoup(response.text, 'lxml')

items = soup.select('div.r-ent') ①
for item in items:
    link_tag = item.select_one('div.title > a') ②
    if link_tag: ③
        url = urljoin('https://www.ptt.cc/', link_tag['href']) ④
        title = link_tag.get_text(strip=True)
```

≫ 換頁

PTT 的換頁按鈕在網頁的右上角，是一個超連結的 a 元素，上一頁的網址在 href 屬性中。

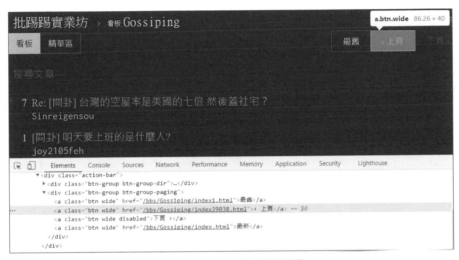

圖 5-15　PTT 換頁選擇器

資料來源　https://www.ptt.cc/bbs/Gossiping/index.html

這邊抓到的也會是相對路徑，一樣記得要補上完整的網址。

```
while True:
    response = requests.get(url, cookies={'over18': '1'})
    soup = BeautifulSoup(response.text, 'lxml')

    #... 剖析完這 頁的資料

    paging_btns = soup.select('div.btn-group-paging > a.btn.wide')
    url = urljoin('https://www.ptt.cc/', paging_btns[1]['href'])
```

文章資訊

PTT 文章的作者、發文時間等相關資訊都在網頁的最上方，看的出來都是在 div.article-metaline 元素下。

圖 5-16　PTT 文章資訊選擇器

資料來源　https://www.ptt.cc/bbs/Gossiping/M.1613393126.A.65D.html

在下方程式中，我們可以先找到所有符合這個選擇器的元素再分別處理，①處第一個是文章作者，②處的第三個則是發文時間。

```
response = requests.get(url, headers=headers)
soup = BeautifulSoup(response.text, 'lxml')

main_content = soup.select_one('#main-content')
meta_lines = main_content.select('div.article-metaline')
```

```
author = meta_lines[0].select_one('span.article-meta-value').get_
text(strip=True) ①

datetime_str = meta_lines[2].select_one('span.article-meta-
value').get_text(strip=True) ②
published_date = datetime.strptime(datetime_str, '%a %b %d
%H:%M:%S %Y')
```

抓內文的方式比較複雜，因為所有文章資訊（包含回文）都是在 div#main-content 元素下，內文則是直屬於這個元素的文字內容，所以我們需要先抓出所有文字內容後再做處理。

圖 5-17　PTT 內文選擇器

資料來源　https://www.ptt.cc/bbs/Gossiping/M.1613438254.A.EA9.html

在①處先把所有直屬的文字內容抓出來，②處去除文字前後多餘的空白字元，並過濾掉空字串。最後③將文字內容的串列組合成完整的文字。

```
content_list = main_content.find_all(text=True, recursive=False) ①

stripped_content_list = filter(lambda text: text, map(lambda
text: text.strip(), content_list)) ②

content = ''.join(stripped_content_list) ③
```

回文的資訊則是在 div.push 元素下，每個 span 元素分別有推噓文、作者、內容、時間等資訊。

圖 5-18　PTT 回文選擇器

資料來源　https://www.ptt.cc/bbs/Gossiping/M.1613438254.A.EA9.html

分別處理這些 span 元素的內容，就可以取得每個回文的資訊了。

```
pushes = main_content.select('div.push')
for push in pushes:
    spans = push.select('span')
    push_tag = spans[0].get_text(strip=True)
    user = spans[1].get_text(strip=True)
    comment = spans[2].get_text(strip=True)[2:]
    date_str = spans[3].get_text(strip=True)
    published_date = datetime.strptime(date_str, '%m/%d %H:%M')
    published_date = published_date.replace(year=datetime.now().year)
```

有興趣的讀者可以到 github（https://github.com/rex-chien/ithome
-scrapy/blob/main/ch5/ptt_crawler.py）上檢視完整的程式碼。

5.2.3 Mobile01

Mobile01 也是台灣很多人在使用的討論區，本書會以「電腦綜合
討論區」（https://www.mobile01.com/forumtopic.php?c=17）來做說
明。

首先取得討論區列表頁的 HTML 原始碼，以取得所有文章的連
結。執行後發現我們沒有拿到預期中的列表頁原始碼，而是 404 not
found 的錯誤。

```
import requests

url = 'https://www.mobile01.com/forumtopic.php?c=17'
response = requests.get(url)
```

```
# <!doctype html><meta charset="utf-8"><meta name=viewport
content="width=device-width, initial-scale=1"><title>404</
title>404 Not Found
```

　　如果程式拿到的不是跟瀏覽器相同的結果，常常是因為目標網站
有對 User-Agent 做過濾。接著試試看加上本書提過的 fake-useragent
套件試試看，就可以拿到預期的 HTML 原始碼了。

```
import requests
from fake_useragent import UserAgent

ua = UserAgent()
headers = {'User-Agent': ua.random}

response = requests.get('https://www.mobile01.com/forumtopic.
php?c=17', headers=headers)
```

≫ 列表頁

　　列表頁中每一篇文章的資訊都在 div.l-listTable__tbody > div.
l-listTable__tr 元素中，文章的連結則在文章資訊下的 div.c-listTableTd__
title > a 元素中。

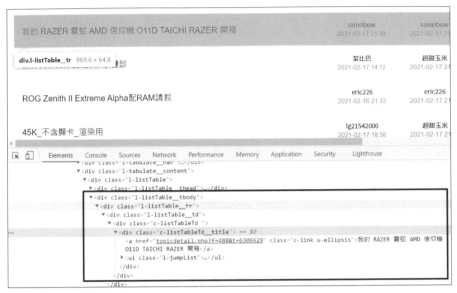

圖 5-19　Mobile01 列表頁選擇器

資料來源　https://www.mobile01.com/forumtopic.php?c=17

　　程式在①處抓到每篇文章資訊的元素，在②處抓到文章標題的元素。由於 Mobile01 列表頁使用的超連結是相對路徑，所以在③處要記得補上前綴完整的網站路徑。

```
soup = BeautifulSoup(response.text, 'lxml')

items = soup.select('div.l-listTable__tbody > div.l-listTable__tr') ①
for item in items:
    link_tag = item.select_one('div.c-listTableTd__title > a') ②
    article_url = urljoin('https://www.mobile01.com/', link_
tag['href']) ③
```

換頁

Mobile01 的換頁按鈕在網頁的右上角，是一個超連結的 a.c-pagination—next 元素，下一頁的網址在 href 屬性中。但在頁數比較少的討論區不會顯示這個下一頁按鈕，我們可以改成在剖析列表頁時先抓到 a.c-pagination 元素中最後一頁的頁碼，再組出每一頁的網址來依序處理。

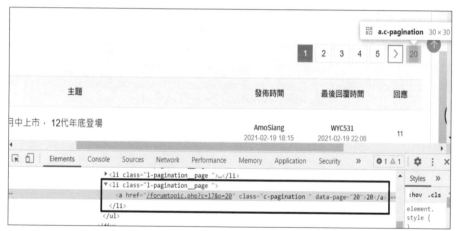

圖 5-20　Mobile01 換頁選擇器

資料來源　https://www.mobile01.com/forumtopic.php?c=17

剖析完當頁的資料後，在①處組出下一頁的網址。

```
last_page = soup.select('a.c-pagination--next')[-1].get_text(strip=True)

for page in range(2, last_page + 1):
    #... 剖析完這一頁的資料
```

```
url = f'https://www.mobile01.com/forumtopic.php?c=17&p={page}' ①
response = requests.get(url, headers=headers)
soup = BeautifulSoup(response.text, 'lxml')
```

» 文章資訊

相對於 PTT 來說，Mobile01 的文章資訊比較分散。我們可以先找到文章中每個貼文都在 div.l-articlePage 元素中，第一個是主文 / 樓主，其他則是回應。

圖 5-21　Mobile01 文章區塊選擇器

資料來源　https://www.mobile01.com/topicdetail.php?f=494&t=6083910

找到主文的文章區塊後再繼續往下找其他資訊。文章標題在 div. l-heading__title > h1 元素。發文時間在第一個 ul.l-toolBar 元素下的第一個 span 元素。作者在 div.c-authorInfo__id > a 元素。

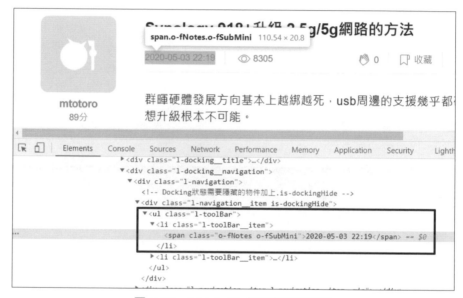

圖 5-22　Mobile01 主文資訊選擇器

資料來源　https://www.mobile01.com/topicdetail.php?f=494&t=6083910

```
article_response = requests.get(article_url, headers=headers)
article_soup = BeautifulSoup(article_response.text, 'lxml')

article_pages = article_soup.select('div.l-articlePage')
main_article = article_pages[0]

title = main_article.select_one('div.l-heading__title > h1').get_
text(strip=True)
```

```
toolbar = main_article.select('ul.l-toolBar')[0]
datetime_str = toolbar.select('span')[0].get_text(strip=True)
published_date = datetime.strptime(datetime_str, '%Y-%m-%d %H:%M')
author = main_article.select_one('div.c-authorInfo__id > a').get_
text(strip=True)
```

內文比較好找，直接用 article 元素底下的文字內容就可以了。

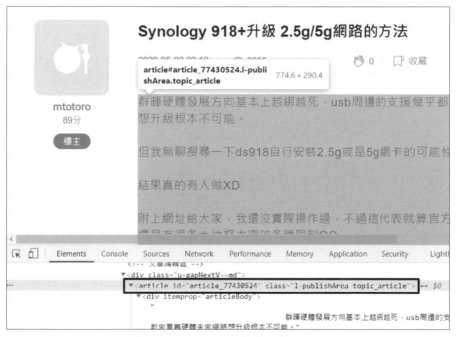

圖 5-23　Mobile01 主文內容選擇器

資料來源　https://www.mobile01.com/topicdetail.php?f=494&t=6083910

```
content = main_article.select_one('article').get_text(strip=True)
```

回應的資訊在其他的 div.l-articlePage 元素中，除了沒有標題以外，發文時間、作者都在和主文相同的元素中。比較特別的是 Mobile01 的文章中也有分頁，所以也需要跑迴圈來剖析每一頁的內容。

有興趣的讀者可以到 github（https://github.com/rex-chien/ithome-scrapy/blob/main/ch5/mobile01_crawler.py）上檢視完整的程式碼。

5.2.4 股市資料

近幾年程式交易是個很熱門的議題，可以蒐集投資標的的市場資訊，由程式和交易策略計算出進出點後自動下單。藉由自動化的過程，投資人可以輕鬆的同時操作多個標的，不因人為因素影響交易策略，並快速驗證調整交易策略。

股市算是進入門檻比較低的投資標的，網路上也可以找到很多各股市的即時資料和技術分析。本書會介紹如何從「Goodinfo! 台灣股市資訊網」（https://goodinfo.tw/StockInfo/index.asp）來取得每個交易日的 K 線資料。

在網頁上方輸入要查詢的股票代碼，這邊以 0050 作為範例說明。

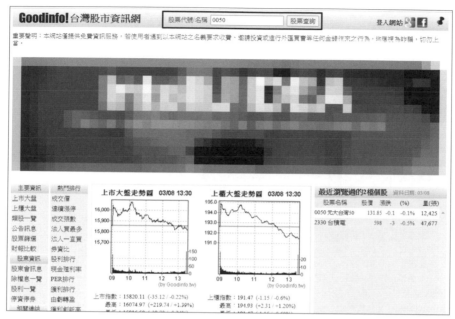

圖 5-24　GoodInfo! - 查詢股票

資料來源　https://goodinfo.tw/StockInfo/index.asp

　　查詢到股票當天的交易資訊後，點選左側的「技術分析 > 個股 K 線圖」。

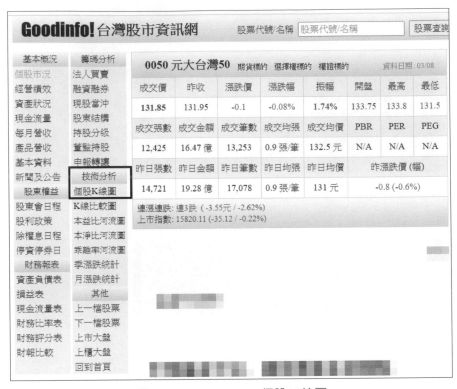

圖 5-25　GoodInfo! - 個股 K 線圖

資料來源　https://goodinfo.tw/StockInfo/index.asp

　　在網頁下方可以看到近期每個交易日的股價和成交量等資訊。預設是顯示三個月內的資料，可以在顯示範圍的下拉選單中切換不同範圍。

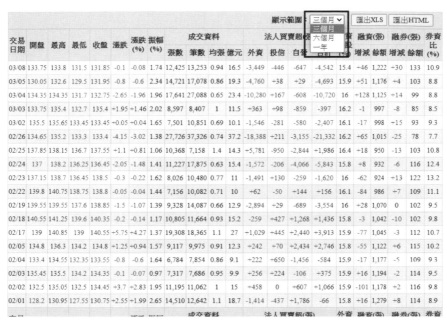

圖 5-26　GoodInfo! - K 線資料

資料來源　https://goodinfo.tw/StockInfo/ShowK_Chart.asp?STOCK_
ID=0050&CHT_CAT2=DATE

　　切換顯示範圍後，在開發人員工具中可以看到網站發出了一個
POST 請求來取得指定範圍的資料（請見下一頁），其中帶了幾個參
數：

- STOCK_ID：股票代碼

- CHT_CAT2：均線，DATE 代表要查詢日線

- STEP：固定帶入 DATA

- PERIOD：顯示範圍，365 代表一年

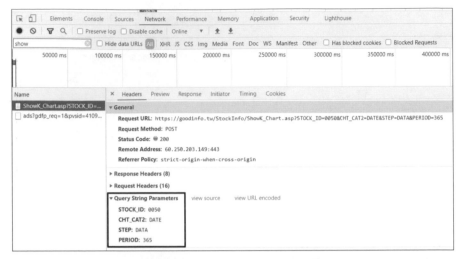

圖 5-27　GoodInfo! - 請求參數

資料來源　https://goodinfo.tw/StockInfo/index.asp

　　在 Python 程式中取得 GoodInfo! 的技術分析指標回應，①處是在開發人員工具看到的請求參數，雖然是 POST 請求，但參數是以查詢字串傳送，在②處將參數以 urllib 編碼後再組成完整的請求網址，因為 GoodInfo! 的爬蟲限制比較嚴謹，③處表頭中除了要加上使用者代理外，還要多設定 referer。④實際發出 POST 請求。因為收到的回應是以 ISO-8859-1 編碼，在⑤處要先將編碼設定成 UTF-8 才能看到正確的結果。

```
import requests
from fake_useragent import UserAgent
from urllib.parse import urlencode
```

```
url_root = 'https://goodinfo.tw/StockInfo/ShowK_Chart.asp'

payload = { ①
    'STOCK_ID': '0050',
    'CHT_CAT2': 'DATE',
    'STEP': 'DATA',
    'PERIOD': 365
}
qs = urlencode(payload) ②
url = f'{url_root}?{qs}'

ua = UserAgent()
headers = { ③
    'user-agent': ua.random,
    'referer': url
}

response = requests.post(url, headers=headers) ④
response.encoding = 'utf-8' ⑤
```

小提醒

表頭中需要 referer 是因為「跨來源資源共用（CORS）」的安全性機制，有興趣深入了解的讀者可以參考：Cross-Origin Resource Sharing (CORS) - HTTP | MDN（https://developer.mozilla.org/en-US/docs/Web/HTTP/CORS）

取得的回應就是畫面上 K 線表格資料的 HTML 原始碼，在開發人員工具中檢視元素，可以知道每一天的資料都是在 div#divPriceDetail > table > tr 元素下，再依序取得每個欄位 td 元素中的內容。

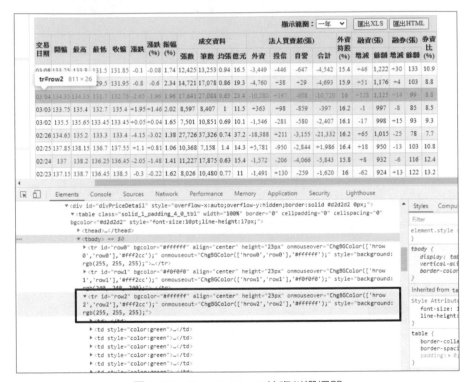

圖 5-28　GoodInfo! - K 線資料選擇器

資料來源　https://goodinfo.tw/StockInfo/ShowK_Chart.asp?STOCK_ID=0050&CHT_CAT2=DATE

```
from bs4 import BeautifulSoup

soup = BeautifulSoup(response.text, 'lxml')
```

```
rows = soup.select('div#divPriceDetail > table > tr')
k_data = []
for row in rows:
    columns = row.select('td')

    k_data.append({
        'day': columns[0].get_text(strip=True),
        'open_price': float(columns[1].get_text(strip=True)),
        'high_price': float(columns[2].get_text(strip=True)),
        'low_price': float(columns[3].get_text(strip=True)),
        'close_price': float(columns[4].get_text(strip=True))
    })
```

有興趣的讀者可以到 github（https://github.com/rex-chien/ithome
-scrapy/blob/main/ch5/goodinfo.py）上檢視完整的程式碼。

≫ 開源數據 – FinMind

技術指標的資料有百百種，如果要做完整的分析，會需要蒐集、
剖析很大量的資料。好在台灣的 **FinMind 團隊**（https://finmindtrade.
com/）有提供超過 50 種開源的金融資料，每天都會更新。（節錄自官
方文件 https://finmind.github.io/）

- 技術面：台股股價 daily、即時報價、即時最佳五檔、PER、
  PBR、每 5 秒委託成交統計、台股加權指數

- 基本面：綜合損益表、現金流量表、資產負債表、股利政策表、
  除權除息結果表、月營收

- 籌碼面：外資持股、股權分散表、融資融券、三大法人買賣、借券成交明細

- 消息面：台股相關新聞

- 衍生性商品：期貨、選擇權 daily data、即時報價、交易明細

- 國際市場：美股股價 daily、minute、美國債券殖利率、貨幣發行量 (美國)、黃金價格、原油價格、G8 央行利率、G8 匯率

圖 5-29　FinMind

資料來源　https://finmindtrade.com/

FinMind 同時也提供線上的 API 可以使用，免除了蒐集資料的工作，讓我們可以專心在分析策略的調整。以 K 線資料為例，我們可以使用 FinMind 的股價日成交資訊 API（https://finmind.github.io/tutor/TaiwanMarket/Technical/#taiwanstockprice）。

```python
import requests

url = 'https://api.finmindtrade.com/api/v4/data'
parameter = {
    'dataset': 'TaiwanStockPrice',
    'data_id': '0050',
    'start_date': '2021-03-01',
    'end_date': '2021-03-09',
    'token': ''
}
response = requests.get(url, params=parameter)

k_data = response.json()['data']
```

當然除了取得這組資料以外，FinData 還有提供更多的資料供使用，有興趣了解的讀者可以到文件上查閱（https://finmind.github.io/quickstart/）。

小提醒

如果短時間內要取得較多的資料，需要注意 API 有 **600 次 / 小時** 的請求次數限制，到官網註冊後，請求加上登入後的 token 參數，可以提高到 **1500 次 / 小時**。

MEMO

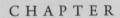

CHAPTER

Scrapy 基礎

寫了好幾支爬蟲，不知道讀者有沒有感覺同一支爬蟲程式中要關注的事情太多，不能單純聚焦在剖析資料的邏輯上。

目前我們爬蟲的流程大概是這樣：

1. 發送請求，取得網頁 HTML 原始碼

    - 可能需要額外的重試或錯誤處理機制，以免請求失敗

    - 需要控制請求間隔，避免同時發送大量請求而被封鎖

    - 也許還有非同步或多執行緒的設計來提高爬取速度

2. 載入 HTML 剖析器（例如 BeautifulSoup）

3. 在網頁中定位並取得目標資料

4. 找出其他目標連結網址

    - 可能需要額外處理相對路徑

5. 儲存資料

    - 可能需要對資料做前處理（例如正規化、trimming）

每支爬蟲程式都包含了上述的邏輯，但不同目標網站的爬蟲，差異都只有在 3 和 4 兩個步驟，其他部分基本上都是相同的。隨著爬蟲數量增加，相同的程式片段會越來越多，雖然可以用封裝的方式將相同邏輯都提取到父類別中，但父類別可能也會越來越龐大。如果可以用 AOP（Aspect-Oriented Programming）的設計方式，把不同功能的程式碼都隔離開，未來維護擴充都會方便許多。

藉由 Scrapy 這樣的爬蟲框架，可以節省不少開發成本，接下來的章節就會帶讀者來了解 Scrapy 的好用之處。

6.1 Scrapy 架構

Scrapy 框架的架構和每個元件間的溝通順序如下圖。

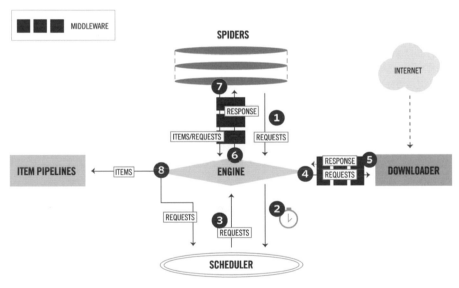

圖 6-1　Scrapy 框架架構

圖片來源　Architecture overview ─ Scrapy 2.4.1 documentation（https://docs.scrapy.org/en/latest/topics/architecture.html）

6.1.1　元件

Scrapy 框架是由不同的元件組合而成，其中包括：

- Scrapy Engine：負責控制整個框架中的資料流和事件

- Scheduler：將 Engine 送過來的請求加到佇列中，決定下一個要提供給 Engine 的請求

- Downloader：負責發送請求和接收回應，並將回應傳回給 Engine

- Spiders：實際在處理網站爬取邏輯的類別，會回傳爬取出的項目或新的請求給 Engine

- Item Pipeline：一系列處理爬取項目的邏輯，例如資料清理、驗證或儲存

- Downloader middlewares：處理 Engine 和 Downloader 之間傳遞的輸入輸出

- Spider middlewares：處理 Engine 和 Spider 之間傳遞的輸入輸出

以 Scrapy 的架構來說，「爬蟲」只要專注在爬取時定位取得資料的邏輯就可以了，其他的邏輯都可以提取到 middlewares 或 pipeline 中，或者由 Scrapy 自動完成。

6.1.2　資料流

　　Scrapy 中的資料流向都是由圖片正中央的 Scrapy Engine 來控制，完整的流程是：

1.　Engine 收到 Spider 發來的首次請求

2.　Engine 把剛剛收到的請求加進 Scheduler 的排程中，同時要求其提供接下來要爬取的請求

3.　Scheduler 回傳下次要爬取的請求給 Engine

4.　Engine 將請求發送給 Downloader，發送的過程可能會經過數個 Downloader Middlewares

5.　網頁原始碼下載完成後，由 Downloader 產生一個回應並送回 Engine，過程也可能會經過數個 Downloader Middlewares

6.　Engine 收到 Downloader 傳來的回應後，傳給 Spider 做處理，過程可能會經過數個 Spider Middlewares

7.　Spider 處理回應後，將爬取到的項目和新的請求回傳給 Engine，過程也可能會經過數個 Spider Middlewares

8.　Engine 將項目傳給 Item Pipelines，同時告知 Scheduler 已處理完這個請求並要求其提供下一個請求

9.　重複步驟 1~8，直到 Scheduler 中沒有新的請求

6.2 開發環境

6.2.1 安裝

在 Python 虛擬環境中安裝 Scrapy 框架。

```
>>> pipenv install scrapy
```

安裝過程可能會遇到相依的 Twisted 套件安裝失敗的問題，筆者有遇過幾種：

1. error: Microsoft Visual C++ 14.0 is required.

   • 到 https://go.microsoft.com/fwlink/?linkid=840931 下載「Build Tools for Visual Studio」，安裝「C++ 建置工具」

2. error: command '<build-tools-path>\cl.exe' failed with exit code 2

   • 到 https://www.lfd.uci.edu/~gohlke/pythonlibs/#twisted 下載對應 Python 版本和位元組的 .whl 檔案來安裝

安裝完成後，到命令列工具輸入指令來驗證是否有安裝成功。

```
>>> scrapy Version
Scrapy 2.4.1
```

如果在 Windows 環境上執行時遇到 Module NotFoundError: No module named 'win32api' 的錯誤，需要另外安裝 pywin32 套件。

小提醒

6.2.2 命令列介面

我們可以透過命令列介面來控制 Scrapy，內建提供了這些指令：

- startproject
  - 語法：`scrapy startproject <project_name> [project_dir]`
  - 在 project_dir 資料夾下建立名稱為 project_name 的 Scrapy 專案。預設的 project_dir 與 project_name 相同

- genspider
  - 語法：`scrapy genspider [-t template] <name> <domain>`
  - 建立名稱為 name 的 spider 類別

- settings
  - 語法：`scrapy settings [options]`
  - 取得 Scrapy 的設定

- runspider

  - 語法：`scrapy runspider <spider_file.py>`

  - 隔離專案設定來啟動指定的 spider

- shell

  - 語法：`scrapy shell [url]`

  - 啟動 Scrapy 的互動介面，啟動後可以看到其他能使用的指令

- fetch

  - 語法：`scrapy fetch <url>`

  - 用 Scrapy downloader 取得指定 url 的回應，並輸出到標準輸出中

- view

  - 語法：`scrapy view <url>`

  - 以預設瀏覽器打開指定的 url，顯示 Scrapy 內部真的「看」到的樣子

- version

  - 語法：`scrapy version [-v]`

  - 顯示 Scrapy 版本

- crawl

  - 語法：`scrapy crawl <spider>`

  - 啟動指定的 spider 類別

- check

  - 語法：`scrapy check [-l] <spider>`

  - 檢查指定的 spider 是否可以正常運作

- list

  - 語法：`scrapy list`

  - 逐行列出目前專案中所有的 spider 名稱

- edit

  - 語法：`scrapy edit <spider>`

  - 用預設的編輯器打開指定的 spider 原始碼

- parse

  - 語法：`scrapy parse <url> [options]`

  - 取得指定 url 的回應並透過對應的 spider 類別來處理

- bench

  - 語法：`scrapy bench`

  - 快速評估執行效能

6.2.3 建立爬蟲

建立爬蟲 spider 類別前，要先建立 Scrapy 專案。這邊用 startproject 指令來產生一個 ithome_scrapy 專案。

```
>>> scrapy startproject ithome_scrapy

New Scrapy project 'ithome_scrapy', using template directory 'c:\
users\user\.virtualenvs\ithome-gjri0eno\lib\site-packages\
scrapy\templates\project', created in:
    <project-root>\ithome_scrapy

You can start your first spider with:
    cd ithome_scrapy
    scrapy genspider example example.com
```

成功建立專案後，多出了一個 ithome_scrapy 資料夾。

圖 6-2　Scrpay 專案資料夾結構

進入專案目錄後，用 genspider 指令來建立一個新的 ithome 爬蟲。

```
>>> scrapy genspider ithome ithome.com.tw
Created spider 'ithome' using template 'basic' in module:
  ithome_scrapy.spiders.ithome
```

執行後可以看到 spiders 目錄下多了一個 ithome.py 檔案，包含一個繼承 scrapy.Spider 的類別，之後爬蟲的邏輯就會寫在這邊。

```python
import scrapy

class IthomeSpider(scrapy.Spider):
    name = 'ithome'
    allowed_domains = ['ithome.com.tw']
    start_urls = ['http://ithome.com.tw/']

    def parse(self, response):
        pass
```

每一支爬蟲都應該繼承 scrapy.Spider 類別，其中需要定義爬蟲的名稱、開始爬取的網址和剖析原始資料的邏輯。

幾個重要的屬性和方法已經由 Scrapy CLI 自動產生了，分別說明如下：

1.   name：專案中「唯一」的爬蟲名稱

2.   allowed_domains：定義這支爬蟲允許的網域清單，如果清單中不包含目標網址的網域或子網域，此次請求會被略過

3. start_urls:爬蟲啟動時開始爬取的網址清單,會在 scrapy.Spider 類別中的 start_requests() 方法中被使用;也可以不定義這個屬性,改成覆寫 start_requests() 方法

4. parse(response):預設用來處理回應的回呼方法。通常每支爬蟲都會有一到多個不同的 parse(response) 方法

start_requests() 和 parse(response) 方法都必須回傳可迭代的(iterable)請求或爬取到的項目實例。

6.2.4 執行爬蟲

start_urls 指定技術文章列表頁的網址,parse(response) 處理回應時,在①處將收到的 HTML 原始碼存到檔案中,修改後的 ithome.py 程式內容:

```python
import scrapy

class IthomeSpider(scrapy.Spider):
    name = 'ithome'
    allowed_domains = ['ithome.com.tw']
    start_urls = ['https://ithelp.ithome.com.tw/articles?tab=tech']

    def parse(self, response):
        with open('ithome.html', 'wb') as f:
            f.write(response.body) ①
```

以 Scrapy 的 crawl 指令來啟動 ithome 爬蟲。執行後可以在 console 上看到執行過程中產生的日誌，執行完成後就可以在專案目錄中找到剛剛儲存的 ithome.html 檔案。

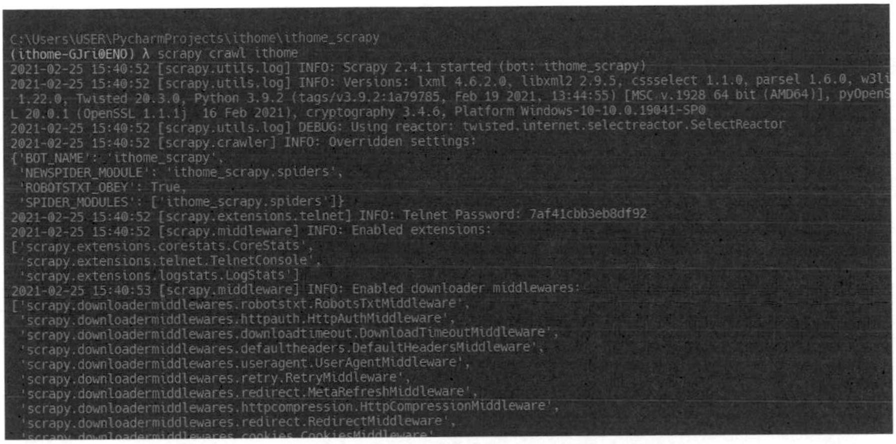

```
C:\Users\USER\PycharmProjects\ithome\ithome_scrapy
(ithome-GJri0ENO) λ scrapy crawl ithome
2021-02-25 15:40:52 [scrapy.utils.log] INFO: Scrapy 2.4.1 started (bot: tthome_scrapy)
2021-02-25 15:40:52 [scrapy.utils.log] INFO: Versions: lxml 4.6.2.0, libxml2 2.9.5, cssselect 1.1.0, parsel 1.6.0, w3li
 1.22.0, Twisted 20.3.0, Python 3.9.2 (tags/v3.9.2:1a79785, Feb 19 2021, 13:44:55) [MSC v.1928 64 bit (AMD64)], pyOpenS
L 20.0.1 (OpenSSL 1.1.1j) 16 Feb 2021), cryptography 3.4.6, Platform Windows-10-10.0.19041-SP0
2021-02-25 15:40:52 [scrapy.utils.log] DEBUG: Using reactor: twisted.internet.selectreactor.SelectReactor
2021-02-25 15:40:52 [scrapy.crawler] INFO: Overridden settings:
{'BOT_NAME': 'ithome_scrapy',
 'NEWSPIDER_MODULE': 'ithome_scrapy.spiders',
 'ROBOTSTXT_OBEY': True,
 'SPIDER_MODULES': ['ithome_scrapy.spiders']}
2021-02-25 15:40:52 [scrapy.extensions.telnet] INFO: Telnet Password: 7af41cbb3eb8df92
2021-02-25 15:40:52 [scrapy.middleware] INFO: Enabled extensions:
['scrapy.extensions.corestats.CoreStats',
 'scrapy.extensions.telnet.TelnetConsole',
 'scrapy.extensions.logstats.LogStats']
2021-02-25 15:40:53 [scrapy.middleware] INFO: Enabled downloader middlewares:
['scrapy.downloadermiddlewares.robotstxt.RobotsTxtMiddleware',
 'scrapy.downloadermiddlewares.httpauth.HttpAuthMiddleware',
 'scrapy.downloadermiddlewares.downloadtimeout.DownloadTimeoutMiddleware',
 'scrapy.downloadermiddlewares.defaultheaders.DefaultHeadersMiddleware',
 'scrapy.downloadermiddlewares.useragent.UserAgentMiddleware',
 'scrapy.downloadermiddlewares.retry.RetryMiddleware',
 'scrapy.downloadermiddlewares.redirect.MetaRefreshMiddleware',
 'scrapy.downloadermiddlewares.httpcompression.HttpCompressionMiddleware',
 'scrapy.downloadermiddlewares.redirect.RedirectMiddleware',
 'scrapy.downloadermiddlewares.cookies.CookiesMiddleware'
```

圖 6-3　執行 Scrapy 爬蟲

6.3　實作 Scrapy 爬蟲

本書之前的內容中是用 requests 和 BeautifulSoup 兩個套件來取得和剖析網頁的原始碼。Scrapy 有內建相關的方法來處理，不需要引入這些套件。

6.3.1　選擇器

Scrapy 也支援 CSS 和 XPath 選擇器，分別對應回應實例的 css(query) 方法和 xpath(query) 方法。

如果要取得純文字或屬性內容，對應的選擇器如下：

說明	CSS	XPath
純文字	.css('::text')	.xpath('text()')
屬性	.css('::attr(attr-name)')	.xpath('@attr-name')

6.3.2　執行邏輯

因為我們是以網址帶參數的方式換頁，不會使用 start_urls 這個屬性，改成覆寫 start_requests() 方法，用每一頁的網址來發送請求，並指定使用 parse(response) 方法來處理回應。前面有提到 start_requests() 和 parse(response) 方法都必須回傳可迭代的（iterable）請求或爬取到的項目實例，所以都是用 yield 來回傳。

```
def start_requests(self):
    for page in range(1, 11):
        yield scrapy.Request(url=f'https://ithelp.ithome.com.tw/
articles?tab=tech&page={page}', callback=self.parse)
```

處理列表頁回應的邏輯跟之前一樣。比較特別的是在①處用了 response.follow() 方法來取得文章的請求，同時指定使用 parse_ article(response) 發訪來處理文章的回應。Scrapy 提供了 response. urljoin(url) 和 response.follow(url) 兩個方法來方便處理相對路徑，前者回傳一個對應的絕對路徑字串，後者則會回傳使用對應絕對路徑的請求。

```
def parse(self, response):
    # 先找到文章區塊
    article_tags = response.css('div.qa-list')

    # 有文章才要繼續
    if len(article_tags) > 0:
        for article_tag in article_tags:
            # 再由每個區塊去找文章連結
            title_tag = article_tag.css('a.qa-list__title-link')
            article_url = title_tag.css('::attr(href)').get().strip()

            yield response.follow(article_url, callback=self.
parse_article) ①
```

處理文章回應的方法邏輯也是跟之前幾乎相同，這邊就不再贅述。方法的最後，我們一樣要用 yield 回傳爬取到的項目。

```
def parse_article(self, response):
    # ... 剖析 HTML 原始碼
    article = {
        'url': response.url,
        'title': title,
        'author': author,
        'publish_time': published_time,
        'tags': ','.join(tags),
```

```
        'content': content,
        'view_count': view_count
    }

    yield article
```

6.3.3　輸出結果

直接執行 scrapy crawl ithome 來啟動爬蟲，可以在 console 中看到我們抓到的文章。如果要將結果儲存成 JSON 檔案，可以在執行時多加一個參數，scrapy crawl ithome -o ithome.json 或 scrapy crawl ithome -o ithome.csv，就可以在專案目錄中看到我們爬取到的結果存成指定的檔案了。

6.4　Scrapy 的結構化資料 – Item

在之前的爬蟲程式中，我們都是以 Python dict 的結構在儲存爬取結果，隨著爬蟲數量增加，會在越來越多的程式中使用到相同的結構來儲存資料，但同時也容易在不同爬蟲程式中打錯欄位名稱（例如 title 打成 titl）或者回傳結構不同的結果。好在 Scrapy 有提供一個 Item 類別，讓我們能先定義好爬取結果的欄位。

建立好專案後，專案目錄中會有一個 items.py 檔案，其中有 Scrapy 根據專案名稱自動建立的 IthomeScrapyItem 類別，通常我會把自訂的項目類別也放在這個檔案中。每個自訂的項目都要繼承 scrapy.Item 類別，欄位則以 scrapy.Field() 來定義。

```python
import scrapy

class IthomeScrapyItem(scrapy.Item):
    # define the fields for your item here like:
    # name = scrapy.Field()
    pass
```

接下來在 item.py 檔案中加入代表文章資料的類別 ArticleItem，並分別定義好每個欄位。

```python
class ArticleItem(scrapy.Item):
    url = scrapy.Field()
    title = scrapy.Field()
    author = scrapy.Field()
    publish_time = scrapy.Field()
    tags = scrapy.Field()
    content = scrapy.Field()
    view_count = scrapy.Field()
```

自定義的 Item 類別，使用方式跟 Python dict 幾乎一樣，只是欄位名稱如果打錯，在執行期間會有錯誤。

```python
import ithome_crawlers.items as items

# 初始化實例
item = item.ArticleItem()
item['url'] = 'https://ithelp.ithome.com.tw/articles/10215484'
```

```
# 打錯欄位名稱會報錯：KeyError: 'ArticleItem does not support field: titl'
item['titl'] = '【Day 0】前言'
item['title'] = '【Day 0】前言'
```

再將 parse_article() 方法中，最後回傳的 article 改成使用剛剛建立的 IthomeArticleItem 類別並回傳。

```
article = items.ArticleItem()
article['url'] = response.url
article['title'] = title
article['author'] = author
article['publish_time'] = published_time
article['tags'] = ''.join(tags)
article['content'] = content
article['view_count'] = view_count
```

6.5 在 Scrapy 中處理爬取結果 — Item Pipelines

在 scrapy.Spider 爬蟲中，處理回應後可能會回傳下次的請求（Request）或爬取到的資料結果（Item）。Request 會被送往 Scheduler 中等待下次送出，而 Item 則會被送往 Item Pipelines 進行一系列的處理。

常見的使用情境是：

- 清理 HTML 資料

- 驗證資料

- 檢查重複

- 存到資料庫中

Pipelines 中每一個元件都是一個 Python 類別，不需要繼承其他類別，但必須實作這個方法：

- process_item(self, item, spider)：實際處理爬取項目的方法，應該要回傳處理後的 dict 物件、Item 物件、Twisted Deferred 或拋出 DropItem 例外。

另外還可以視需求另外實作其他方法：

- open_spider(self, spider)：在爬蟲啟動時被呼叫

- close_spider(self, spider)：在爬蟲關閉時被呼叫

- from_crawler(cls, crawler)：用來初始化 Pipeline 元件的 classmethod

6.5.1 建立 Pipeline 元件

跟 Item 相同，建立好專案後，專案目錄中會有一個 pipelines.py 檔案，其中有 Scrapy 根據專案名稱自動建立的 IthomeScrapyPipeline 類別。

```
class IthomeScrapyPipeline(object):
    def process_item(self, item, spider):
        return item
```

假設我們不想要保存瀏覽次數小於 200 的文章，只要在①處拋出 DropItem 例外，這個 Item 就會被略過，不會被傳送到後續的 pipeline 元件中。

```
from scrapy.exceptions import DropItem

class IthomeScrapyPipeline(object):
    def process_item(self, item, spider):
        if item['view_count'] < 200:
            raise DropItem(f'[{item["title"]}] 瀏覽數小於 200') ①
        return item
```

6.5.2　設定 Pipeline 執行順序

建立 Pipeline 元件後還需要設定每個元件的執行順序。在專案目錄下的 settings.py 檔案中，有宣告一個 dict 型態的 ITEM_PIPELINES 變數，key 是元件的完整名稱，value 是 0~1000 的整數，數字小的會先執行。

在這個變數中加入我們剛剛建立的元件。

```
ITEM_PIPELINES = {
    'ithome_crawlers.pipelines.IthomeCrawlersPipeline': 300,
}
```

最後執行 scrapy crawl ithome -o ithome.csv 指令來執行爬蟲，可以在啟動的 log 中看到元件已經被加入 Pipeline 中。

```
 'scrapy.spidermiddlewares.depth.DepthMiddleware']
2021-02-25 23:00:13 [scrapy.middleware] INFO: Enabled item pipelines:
['ithome_scrapy.pipelines.IthomeScrapyPipeline']
2021-02-25 23:00:13 [scrapy.core.engine] INFO: Spider opened
2021-02-25 23:00:13 [scrapy.extensions.logstats] INFO: Crawled 0 pages (at 0 pag
 (at 0 items/min)
2021-02-25 23:00:13 [scrapy.extensions.telnet] INFO: Telnet console listening on
```

圖 6-4　加入 pipeline 元件

執行過程中，有可能會看到這樣的 log，代表有文章被過濾掉了。

```
 'view_count': 112}
2021-02-25 23:25:07 [scrapy.core.scraper] WARNING: Dropped: [Flutter API Get using Bloc state management
 and http plugin] 瀏覽數小於 200
{'author': '',
```

圖 6-5　raise DropItem

6.6 在 Scrapy 中處理請求和回應－Downloader Middlewares

在 Scrapy 的架構圖中可以看到，Scrapy Engine 和 Downloader 間的資料傳遞會經過一系列的 Downloader Middlewares。

還記得在進階爬蟲章節中介紹的反爬蟲機制嗎？只要是可以在發送請求前動手腳的應對方式（例如 User-Agent），都很適合在 Downloader Middlewares 中實作。

6.6.1　建立 Middleware 元件

每一個 Middleware 元件都是一個 Python 類別，不需要繼承其他類別，只要視需求實作部分的下列方法即可：

- process_request(self, request, spider)：在請求被送到 Downloader 之前執行

- process_response(self, request, response, spider)：在回應被送到 Scrapy Engine 之前執行

- process_exception(self, request, exception, spider)：在 Downloader 或 process_request() 拋出異常時執行

專案建立時，目錄中有一個 middlewares.py 檔案，其中有 Scrapy 根據專案名稱自動建立的 IthomeScrapyDownloaderMiddleware 類別，就可以看出每個元件可以實作的方法和每個方法應該回傳的類型。

```python
class IthomeScrapyDownloaderMiddleware(object):
    # Not all methods need to be defined. If a method is not defined,
    # scrapy acts as if the downloader middleware does not
modify the
    # passed objects.

    @classmethod
    def from_crawler(cls, crawler):
        # This method is used by Scrapy to create your spiders.
        s = cls()
        crawler.signals.connect(s.spider_opened, signal=signals.
spider_opened)
```

```
        return s

    def process_request(self, request, spider):
        # Called for each request that goes through the downloader
        # middleware.

        # Must either:
        # - return None: continue processing this request
        # - or return a Response object
        # - or return a Request object
        # - or raise IgnoreRequest: process_exception() methods of
        #   installed downloader middleware will be called
        return None

    def process_response(self, request, response, spider):
        # Called with the response returned from the downloader.

        # Must either;
        # - return a Response object
        # - return a Request object
        # - or raise IgnoreRequest
        return response

    def process_exception(self, request, exception, spider):
        # Called when a download handler or a process_request()
        # (from other downloader middleware) raises an exception.

        # Must either:
        # - return None: continue processing this exception
        #   return a Response object: stops process_exception() chain
        # - return a Request object: stops process_exception() chain
        pass
```

```
    def spider_opened(self, spider):
        spider.logger.info('Spider opened: %s' % spider.name)
```

6.6.2 更換 User-Agent

前面的章節中，我們學會怎麼用 fake-useragent 套件來隨機產生 UA，這種每個請求都要處理的邏輯就很適合放在 Downloader Middlewares 中處理。(註：記得要先安裝 fake-useragent 套件)

在 middlewares.py 檔案中加入以下程式碼。

```
from fake_useragent import UserAgent

class RandomUserAgentMiddleware(object):
    def __init__(self, ua_type):
        self.ua = UserAgent()
        self.ua_type = ua_type

    @classmethod
    def from_crawler(cls, crawler):
        return cls(
            ua_type=crawler.settings.get('RANDOM_UA_TYPE', 'random')
        )

    def process_request(self, request, spider):
        def get_ua():
            # 根據設定中 RANDOM_UA_TYPE 的值來隨機產生 UA
            return getattr(self.ua, self.ua_type)

        request.headers.setdefault('User-Agent', get_ua())
```

```
def process_response(self, request, response, spider):
    ''' 測試用，確認有隨機產生 UA
    實際使用時可以拿掉
    '''
    spider.logger.info(f'User-Agent of [{request.url}] is
[{request.headers["User-Agent"]}]')

    return response
```

跟 Item Pipelines 一樣，Downloader Middlewares 元件也需要加入到執行序列中。在 settings.py 檔案中有一個 dict 型態的 DOWNLOADER_MIDDLEWARES 變數，key 是元件的完整名稱，value 是 0~1000 的整數，請求會由數字小到大依序執行，回應則會由數字大到小依序執行。

Scrapy 已經有預設啟用一些 Download Middlewares 元件了，加入自訂的元件時需要特別注意執行順序。其中預設有啟用 UserAgent Middleware，如果要改用剛剛建立的元件，建議把這個停用。

```
DOWNLOADER_MIDDLEWARES = {
    'scrapy.downloadermiddlewares.useragent.UserAgentMiddleware': None,
    'ithome_scrapy.middlewares.RandomUserAgentMiddleware': 500,
}
```

啟動爬蟲時可以看到元件已被加入 Middlewares 序列中，也可以看到確實有隨機產生 UA。

```
2021-02-26 16:34:21 [scrapy.core.engine] DEBUG: Crawled (200) <GET https://ithelp.ithome.com.tw/articles
/10255626> (referer: https://ithelp.ithome.com.tw/articles?tab=tech&page=1)
2021-02-26 16:34:21 [ithome] INFO: User-Agent of [https://ithelp.ithome.com.tw/articles/10255627] is [b'
Mozilla/5.0 (Windows NT 5.1) AppleWebKit/537.36 (KHTML, like Gecko) Chrome/31.0.1650.16 Safari/537.36']
2021-02-26 16:34:21 [scrapy.core.engine] DEBUG: Crawled (200) <GET https://ithelp.ithome.com.tw/articles
/10255627> (referer: https://ithelp.ithome.com.tw/articles?tab=tech&page=1)
2021-02-26 16:34:21 [ithome] INFO: User-Agent of [https://ithelp.ithome.com.tw/articles/10255625] is [b'
Mozilla/5.0 (Windows NT 5.1) AppleWebKit/537.36 (KHTML, like Gecko) Chrome/34.0.1866.237 Safari/537.36']
```

圖 6-6　隨機產生 UA

6.7　Scrapy 的設定

除了程式碼以外，Scrapy 也能透過設定的方式來從外部調整 Scrapy 元件的行為，包括 Scrapy 核心、pipeline 元件、爬蟲邏輯等。

我們可以在程式碼中透過 key-value 的方式來取得 Scrapy 的設定值，而定義設定有幾種方式，如果有相同 key 的設定值，順序在前的會覆蓋在後的：

1. 命令介面的參數，執行時加上 -s 或 --set 的參數
   - scrapy cralw ithome -s SOME_SETTING=ITHOME
2. spider 類別中各自定義類別中的 custom_settings 屬性
3. 專案中的 settings.py
4. 預設的全域設定

在 spider 類別中，可以使用 self.settings 來取得設定值。但如果在 spider 類別初始化完成前就想要取得設定值，則需要覆寫 from_

crawler() 方法。在其他元件（pipeline、middleware）中就只能在 from
_crawler() 方法中取得設定。

```python
class MySpider(scrapy.Spider):
    name = 'myspider'
    start_urls = ['http://example.com']

    @classmethod
    def from_crawler(cls, crawler):
        print(f"Before initializing settings: {crawler.settings.
attributes.keys()}")
        return cls()

    def parse(self, response):
        print(f"After initialized settings: {self.settings.
attributes.keys()}")
```

6.8　在 Scrapy 中操作瀏覽器

在進階爬蟲的章節中，讀者也有學到怎麼以 Selenium 在程式中模
擬瀏覽器的操作行為。在這個小節中，我們也要在 Scrapy 中實作這個
功能。

因為在 Spider 類別中只需要關注剖析原始資料的邏輯，不應
該在這邊決定是否使用 Selenium，應該要建立一個 Downloader
Middlewares 元件來處理。

先新增一個 SeleniumRequest 類別，用來讓 middleware 元件判斷是否需要使用 Selenium。

```python
from scrapy import Request

class SeleniumRequest(Request):
    '''
    另外包裝的 Request 類別，用來判斷是否要使用 Selenium
    '''
    def __init__(self, *args, **kwargs):
        super().__init__(*args, **kwargs)
```

①處在元件初始化時載入 WebDriver，②處在爬蟲程式結束時關閉 WebDriver。③處判斷傳送進 Download Middlewares 的請求類型，如果是 SeleniumRequest 才會用 Selenium 來發送請求。

```python
from scrapy import signals
from selenium import webdriver

class SeleniumMiddleware:
    def __init__(self):
        self.driver = webdriver.Chrome('./chromedriver.exe') ①

    @classmethod
    def from_crawler(cls, crawler):
        middleware = cls()

        crawler.signals.connect(middleware.spider_closed,
signals.spider_closed)

        return middleware
```

```python
    def spider_closed(self):
        self.driver.quit() ②

    def process_request(self, request, spider):
        '''
        不是每個請求都需要用 Selenium，
        如果 spider 回傳的是 SeleniumRequest 類別的實例，
        才使用 Selenium 來發請求
        '''
        if not isinstance(request, SeleniumRequest): ③
            # 回傳 None 會繼續執行下一個元件
            return None

        self.driver.get(request.url)

        body = str.encode(self.driver.page_source)

        return HtmlResponse(
            self.driver.current_url,
            body=body,
            encoding='utf-8',
            request=request
        )
```

建立好元件後，要記得將元件加入 Downloader Middlewares 的執行序列中。

```python
DOWNLOADER_MIDDLEWARES = {
    'ithome_scrapy.middlewares.SeleniumMiddleware': 800,
}
```

最後在 Spider 中要回傳 SeleniumRequest 實例，才會用 Selenium
來發送請求。

```
class IthomeSpider(scrapy.Spider):
    def start_requests(self):
        for page in range(1, 2):
            yield SeleniumRequest(url=f'https://ithelp.ithome.
com.tw/articles?tab=tech&page={page}', callback=self.parse)
```

6.8.1　站在巨人的肩膀上

在盛行開放原始碼的時代，我們想做的功能很可能已經有前人
完成了。筆者剛好就有找到 clemfromspace/scrapy-selenium 套件
（https://github.com/clemfromspace/scrapy-selenium），可以滿足我
們的需求。前面的說明是參考這個套件的原始碼來說明建立元件時的
流程邏輯。

一樣在開始使用前要先安裝套件。

```
>>> pipenv install scrapy-selenium
```

在 settings.py 中設定相關參數。

```
# 要使用的 WebDriver 名稱
SELENIUM_DRIVER_NAME = 'chrome'
# WebDriver 的執行檔路徑
SELENIUM_DRIVER_EXECUTABLE_PATH = './chromedriver.exe'
# 啟用 WebDriver 的額外參數
```

```
# 用 Headless Chrome 模式啟動
SELENIUM_DRIVER_ARGUMENTS = ['--headless']
```

把元件加入執行序列。

```
DOWNLOADER_MIDDLEWARES = {
    'scrapy_selenium.SeleniumMiddleware': 800
}
```

最後在 Spider 中，要使用 Selenium 的請求，記得要回傳對應的 Request 實例。

```
from scrapy_selenium import SeleniumRequest

yield SeleniumRequest(url=url, callback=self.parse)
```

6.9　Scrapy 的日誌

爬蟲程式在實際運作時，我們可能會希望保留一些日誌紀錄。可能是幫助我們找出效能瓶頸的偵錯日誌、請求超時的警告日誌、或者執行異常的錯誤日誌，這些都是在維護程式時的重要資訊。日誌的嚴重性由高至低分為五個等級：

1.　CRITICAL

2.　ERROR

3.　WARNING

4.　INFO

5.　DEBUG

Scrapy 也有將 Python 內建的 logging 模組封裝成 spider 類別中的
屬性，方便我們在程式中使用。

```
class MySpider(scrapy.Spider):
    name = 'myspider'
    start_urls = ['http://example.com']

    def parse(self, response):
        self.logger.info(f'logger in {self.name}.')
```

如果要在 pipeline 或 middleware 元件中使用，則需要呼叫參數中
的 spider 實例。

```
class MyPipeline:
    def open_spider(self, spider):
        spider.logger.info('logger in MyPipeline.')

class MyMiddleware:
    def process_request(self, request, spider):
        spider.logger.info('logger in MyMiddleware.')
```

在 Scrapy 設定中，還可以修改這些參數來調整 logger 的行為：

- LOG_FILE：日誌輸出的檔案名稱，沒設定時會輸出到標準錯誤輸
  出（standard error）中。預設為空值。

- LOG_ENABLED：是否啟用日誌。預設為 True。

- LOG_ENCODING：日誌輸出檔案的編碼。

- LOG_LEVEL：要輸出的最低日誌等級。

- LOG_FORMAT：日誌輸出內容的格式，可以參考官方文件
  （https://docs.python.org/3/library/logging.html#logrecord-
  attributes）

- LOG_DATEFORMAT：日誌輸出的時間格式，可以參考官方文
  件（https://docs.python.org/3/library/datetime.html#strftime-
  strptime-behavior）

- LOG_STDOUT：是否將標準輸出的內容導向日誌中。預設為
  False。

- LOG_SHORT_NAMES：日誌內容是否要包含 Scrapy 的元件名
  稱。預設為 False。

6.10 蒐集 Scrapy 的統計資訊

　　Scrapy 框架有提供一個蒐集統計資訊的機制，讓開發人員可以在
執行過程中以 key-value 的結構來保留需要的統計資料，這個機制是
Stats Collector。在爬蟲執行完成後，可以在日誌結尾看到 Scrapy 框
架內做的統計資訊。

```
2021-02-26 16:34:21 [scrapy.core.engine] INFO: Closing spider (finished)
2021-02-26 16:34:21 [scrapy.statscollectors] INFO: Dumping Scrapy stats:
{'downloader/request_bytes': 28083,
 'downloader/request_count': 32,
 'downloader/request_method_count/GET': 32,
 'downloader/response_bytes': 451373,
 'downloader/response_count': 32,
 'downloader/response_status_count/200': 32,
 'elapsed_time_seconds': 4.890548,
 'finish_reason': 'finished',
 'finish_time': datetime.datetime(2021, 2, 26, 8, 34, 21, 706134),
 'log_count/DEBUG': 32,
 'log_count/INFO': 42,
 'request_depth_max': 1,
 'response_received_count': 32,
 'robotstxt/request_count': 1,
 'robotstxt/response_count': 1,
 'robotstxt/response_status_count/200': 1,
 'scheduler/dequeued': 31,
 'scheduler/dequeued/memory': 31,
 'scheduler/enqueued': 31,
 'scheduler/enqueued/memory': 31,
 'start_time': datetime.datetime(2021, 2, 26, 8, 34, 16, 815586)}
2021-02-26 16:34:21 [scrapy.core.engine] INFO: Spider closed (finished)
```

圖 6-7　Scrapy 統計資訊

開發人員也可以在程式中使用 Stats Collector，透過初始化元件時呼叫的 from_crawler(crawler) 來取得。

```
class AnyComponentWithStats:

    def __init__(self, stats):
        self.stats = stats

    @classmethod
    def from_crawler(cls, crawler):
        return cls(crawler.stats)
```

設定統計資訊的值。

```
stats.set_value('hostname', socket.gethostname())
```

對統計值增加 1。

```
stats.inc_value('custom_count')
```

如果比原本的值大才覆蓋過去。

```
stats.max_value('max_items_scraped', value)
```

如果比原本的值小才覆蓋過去。

```
stats.min_value('min_free_memory_percent', value)
```

取得統計值。

```
stats.get_value('custom_count')
```

取得所有的統計值。

```
stats.get_stats()
```

6.11 發送電子郵件

如果要在 Python 程式中發送電子郵件，可以使用內建的 smtplib 模組。Scrapy 框架也有提供基於 Twisted 框架的非阻斷 IO(non-blocking IO) 的 MailSender 模組，避免發信時的異常影響到主要 Scrapy 框架的運作。

使用前要先在 Scrapy 設定中調整這些參數：

- MAIL_FROM：寄件者。預設為 scrapy@localhost

- MAIL_HOST：使用的 SMTP 伺服器。預設為 localhost

- MAIL_PORT：SMTP 的埠號。預設為 25

- MAIL_USER：SMTP 驗證的使用者名稱

- MAIL_PASS：SMTP 驗證的密碼

- MAIL_TLS：是否使用 TLS。預設為 False

- MAIL_SSL：是否使用 SSL。預設為 False

程式中，用 settings 屬性來初始化 MailSender 實例，再用 sender 方法來發信。

```
from scrapy.mail import MailSender
mailer = MailSender.from_settings(settings)

mailer.send(to=["someone@example.com"],
      subject="Some subject",
      body="Some body",
      cc=["another@example.com"])
```

實戰 Scrapy

7.1 Item Pipelines 應用 – 儲存資料到 MongoDB

在介紹 Scrapy 的章節中有提到，採用 Scrapy 框架很大的一個優點是可以把不同的邏輯隔離開來，讓爬蟲的程式可以專注在剖析來源資料上，其他的邏輯會視需求在 spider middlewares、downloader middlewares 或 item pipelines 中實作。

spider 程式剖析完資料後，會把蒐集到的資料以 Item 的類型回傳，如果要將這些資料儲存到資料庫中，就很適合在 item pipeline 元件中來實作相關的邏輯。

在專案目錄的 pipelines.py 檔案中新增一個 ItemMongoPipeline 類別。在①處抓到設定中 MongoDB 的連線資訊，②處在 spider 啟動時建立 MongoDB 的資料庫連線，③處在 spider 關閉時同步關閉 MongoDB 連線，④處在處理 item 的方法中將資料新增到 MongoDB 中。

```
import pymongo

class ItemMongoPipeline(object):
    collection_name = 'article'

    def __init__(self, mongo_uri, mongo_db):
        self.mongo_uri = mongo_uri
        self.mongo_db = mongo_db
```

```
@classmethod
def from_crawler(cls, crawler):
    return cls(
        mongo_uri=crawler.settings.get('MONGO_URI'),
        mongo_db=crawler.settings.get('MONGO_DATABASE', 'items') ①
    )

def open_spider(self, spider):
    self.client = pymongo.MongoClient(self.mongo_uri)
    self.db = self.client[self.mongo_db] ②

def close_spider(self, spider):
    self.client.close() ③

def process_item(self, item, spider):
    self.db[self.collection_name].insert_one(dict(item)) ④
    return item
```

同時要在專案的 settings.py 檔案中加入這兩個設定：

```
MONGO_URI = 'mongodb://localhost:27017/'
MONGO_DATABASE = 'ithome2019'
```

最後要在 settings.py 檔案中把剛剛建立的 Pipeline 元件加入執行序列中。如果資料室需要經過一些前處理或過濾的 pipeline 元件，要注意指定的順序值要比這些元件大，因為存進資料庫的應該是處理後的結果。

```
ITEM_PIPELINES = {
    'ithome_crawlers.pipelines.IthomeScrapyPipeline': 300,
    'ithome_crawlers.pipelines.MongoPipeline': 400,
}
```

7.2 在程式中啟動 Scrapy 爬蟲

目前為止我們都是用 scrapy crawl <spider-name> 指令來啟動爬蟲，但有時候可能需要在程式中來啟動爬蟲（例如提供一個 API 接口，外部發請求來告知要啟動哪一支爬蟲，由程式來啟動對應的爬蟲），接著會介紹幾種啟動爬蟲的方式。

7.2.1　用 Python 執行 Scrapy 指令

Python 有提供內建的 subprocess 模組，可以在程式中開啟一個新的程序（process）來執行其他程式。我們可以利用這個模組來執行 scrapy crawl 指令。

```
import subprocess

subprocess.run('scrapy crawl ithome')
```

因為每次執行 scrapy crawl 都會產生一個新的 Scrapy Engine 實體，如果用這個方式啟動多個爬蟲會非常吃資源，筆者其實不建議使用這種方式。

7.2.2 scrapy.cmdline.execute

Scrapy 框架中有提供一個 scrapy.cmdline.execute 方法，可以用來呼叫 Scrapy 提供的各個指令。

```
from scrapy.cmdline import execute

execute(['scrapy', 'crawl', 'ithome'])
```

7.2.3 CrawlerProcess

scrapy crawl 指令實際是使用類別 scrapy.crawler.CrawlerProcess，我們也可以在程式中用這個類別來啟動爬蟲，有需要的話也可以一次加入多個 spider 類別。

```
from scrapy.crawler import CrawlerProcess
from scrapy.utils.project import get_project_settings

'''
get_project_settings() 方法會取得爬蟲專案中的 settings.py 檔案設定
啟動爬蟲前要提供這些設定給 Scrapy Engine
'''
process = CrawlerProcess(get_project_settings())

process.crawl(IthomeSpider)
process.crawl(PttSpider)
process.start()
```

7.2.4　CrawlerRunner

如果原本的程式中已經有使用 Twisted 來執行一些非同步的任務，
官方建議改用 scrapy.crawler.CrawlerRunner 來啟動爬蟲，這樣可以跟
原本的程式使用同一個 Twisted reactor。

```
from twisted.internet import reactor
from scrapy.crawler import CrawlerRunner
from scrapy.utils.project import get_project_settings

'''
get_project_settings() 方法會取得爬蟲專案中的 settings.py 檔案設定
啟動爬蟲前要提供這些設定給 Scrapy Engine
'''
runner = CrawlerRunner(get_project_settings())

runner.crawl(IthomeSpider)
runner.crawl(PttSpider)
d = runner.join()
d.addBoth(lambda _: reactor.stop())

reactor.run()
```

7.3　iThelp 的 Scrapy 爬蟲

在 iThelp 這種論壇類型的網站中，我們通常會把主文和回文分開
存在不同的資料表中。對應到 Scrapy 的爬蟲結果，也會有 Article 和
Reply 兩種 item 類別來處理不同的資料。

在前面章節中定義的 ArticleItem 類別中加上一個 _id 屬性，保存
MongoDB 新增資料後產生的識別值。再另外新增一個 ReplyItem 類
別，用來處理回文的資料。

```
class ReplyItem(scrapy.Item):
    _id = scrapy.Field()
    article_id = scrapy.Field()
    author = scrapy.Field()
    publish_time = scrapy.Field()
    content = scrapy.Field()
```

因為主文和回文要保存到不同的資料表中，原本的 ItemMongoPipeline
元件會拆分成 ArticleMongoPipeline 和 ReplyMongoPipeline 兩個元件
來分別處理不同類型的 item，處理資料庫連線和關閉的邏輯則會封裝
到父類別 AbstractMongoPipeline 元件中。

AbstractMongoPipeline 元件的邏輯跟原本的 ItemMongoPipeline
相同，只是不實作 process_item 方法，留給另外兩個元件來定義各自
的邏輯。

在 ArticleMongoPipeline 元件中，①處設定了這個主文資料要使用
的 MongoDB collection 名稱，②處判斷收到的 item 是否為 ArticleItem
類別，③和④處將新增或修改後取到的識別值更新回 _id 屬性中，讓後
面處理回文時可以作為外來鍵使用。

```
class ArticleMongoPipeline(AbstractMongoPipeline):
    collection_name = 'article' ①

    def process_item(self, item, spider):
        if type(item) is items.ArticleItem: ②
            document = self.collection.find_one({'url':
item['url']})

            if not document:
                insert_result = self.collection.insert_
one(dict(item))
                item['_id'] = insert_result.inserted_id ③
            else:
                self.collection.update_one(
                    {'_id': document['_id']},
                    {'$set': dict(item)},
                    upsert=True
                )
                item['_id'] = document['_id'] ④

        return item
```

ReplyMongoPipeline 元件的邏輯大致上與 ArticleMongoPipeline 相同。①處設定了這個主文資料要使用的 MongoDB collection 名稱，②處判斷收到的 item 是否為 ReplyItem 類別。

```
class ReplyMongoPipeline(AbstractMongoPipeline):
    collection_name = 'reply' ①

    def process_item(self, item, spider):
        if type(item) is items.ReplyItem: ②
            document = self.collection.find_one(item['_id'])
```

```
        if not document:
            insert_result = self.collection.insert_
one(dict(item))
        else:
            del item['_id']
            self.collection.update_one(
                {'_id': document['_id']},
                {'$set': dict(item)},
                upsert=True
            )

    return item
```

　　spider 的部分，剖析原始資料的邏輯都跟之前相同，這邊就不再補充，主要說明在 Scrapy 框架中需要注意的地方。①處用 start_urls 屬性讓爬蟲啟動時由列表的第一頁開始處理，②處剖析完列表頁找出當頁所有文章的連結後，再找出下一頁的連結。

```
class IthomeSpider(scrapy.Spider):
    name = 'ithome'
    allowed_domains = ['ithome.com.tw']
    start_urls = ['https://ithelp.ithome.com.tw/articles?tab=tech'] ①

    def parse(self, response):
        # ... 剖析列表頁 HTML

        if len(article_tags) > 0:
            for article_tag in article_tags:
                # ... 取得文章連結
```

```
                yield response.follow(article_url,
callback=self.parse_article)

        next_page_url = response.css('a:contains(" 下一頁
")::attr(href)').get()
        yield response.follow(next_page_url, callback=self.
parse) ②

    def parse_article(self, response):
        # ... 剖析文章 HTML

        article = items.ArticleItem()

        yield article

        if '_id' in article:
            '''
            上一行執行後資料已更新到資料庫中
            因為是同一個物件參照
            可以取得識別值
            '''
            article_id = article['_id']
            '''
            因為 iTHome 原文與回文都是在同一個畫面中
            剖析回文時使用原本的 response 即可
            否則這邊需要再回傳 Request 物件
            yield scrapy.Request(url, callback=self.parse_reply)
            '''
            yield from self.parse_reply(response, article_id) ③

    def parse_reply(self, response, article_id):
        for reply in replies:
            # ... 剖析回文資料
```

```
        reply_item = items.ReplyItem()

        yield reply_item
```

7.4 中央社新聞的 Scrapy 爬蟲

除了取得 HTML 原始碼以外，Scrapy 當然也可以發送 API 請求來取得 JSON 格式的原始資料。因為中央社的資料來源要透過 API 請求取得，沒辦法使用 start_urls 屬性來設定啟動爬蟲時發送的請求，而是要改用①處的 start_requests 方法，並回傳 scrapy.http.JsonRequest 類別，讓 Scrapy 發送正確的請求類型。②處呼叫 response.json() 方法，將回應的 JSON 格式原始資料轉換為 Python 的 dict 物件。處理完當次請求的所有結果後，③處再回傳下一頁的 JsonRequest。

```
class CnaSpider(scrapy.Spider):
    name = 'cna'
    allowed_domains = ['www.cna.com.tw']
    api_url = 'https://www.cna.com.tw/cna2018api/api/WNewsList'
    data = {
        'action': '0',
        'category': 'aopl',
        'pageidx': 1,
        'pagesize': 50,
    }

    def start_requests(self): ①
```

```
        yield scrapy.http.JsonRequest(url=self.api_url,
data=self.data, callback=self.parse)

    def parse(self, response):
        # 等於 json.loads(response.text)
        result = response.json() ②
        items = result['ResultData']['Items']

        for item in items:
            article_url = item['PageUrl']

            yield response.follow(article_url, callback=self.
parse_article)

        if 'NextPageIdx' in result:
            self.data['pageidx'] = result['NextPageIdx'] ③
            yield scrapy.http.JsonRequest(url=self.api_url,
data=self.data, callback=self.parse)

    def parse_article(self, response):
        # ... 剖析新聞 HTML

        article = items.ArticleItem()

        yield article
```

7.5 PTT 的 Scrapy 爬蟲

PTT 有一些看板需要同意分級規定後才能瀏覽，在使用 requests 套件發請求時，可以在表頭 headers 中加上 cookie 參數來模擬同意後的請求，Scrapy 框架中有兩種方式可以滿足這個需求。

在剖析列表頁時，①處先檢查畫面是否有分級規定的元素，如果有就在②處回傳 FormRequest，模擬網頁上送出表單同意的動作。如果沒有分級規定的元素，就走回一般剖析列表頁的流程。

```
class PttSpider(scrapy.Spider):
    name = 'ptt'
    allowed_domains = ['ptt.cc']
    start_urls = ['https://www.ptt.cc/bbs/Gossiping/index.html']

    def parse(self, response):
        if response.css('div.over18-notice'): ①
            yield scrapy.FormRequest.from_response(response,
                        formdata={'yes': 'yes'},
                        callback=self.parse,
                        dont_filter=True) ②
        else:
            # ... 剖析列表頁
```

或者在 start_requests 方法回傳初始請求時，在①處加上 cookies 參數。以上兩種方法擇一即可。

```
class PttSpider(scrapy.Spider):
    name = 'ptt'
    allowed_domains = ['ptt.cc']
    # start_urls = ['https://www.ptt.cc/bbs/Gossiping/index.html']

    def start_requests(self):
        yield scrapy.Request(
            'https://www.ptt.cc/bbs/Gossiping/index.html',
            cookies={'over18': '1'},  ①
            callback=self.parse
        )
```

7.6 相同剖析邏輯的多個資料來源

就實務方面來看，我們時常需要蒐集同一個網站的多個版面，像是 PTT 的不同看板、新聞網站不同分類的所有新聞，或是 Mobile01 上不同的討論區。通常同一個網站不同版面的 HTML 結構都會極為類似，或者至少是呼叫同一支 API 帶不同參數。在這個狀況下，我們不太可能為每一個看板都建立一支全新的 spider 類別，而是應該抽取出共用的剖析邏輯到父類別中。

父類別 BasePttSpider 中保留原本的 parse 和 parse_article 方法，因為 PTT 每個看板的 HTML 結構都相同，剖析的邏輯可以共用。

```
class BasePttSpider(scrapy.Spider):
    allowed_domains = ['ptt.cc']

    def parse(self, response):
        # ...剖析列表頁 HTML
    def parse_article(self, response):
        # ...剖析文章 HTML
```

如果我們要蒐集 Gossiping 八卦板和 Stock 股票板的資料，只要分別建立兩個 spider 類別，各自定義爬蟲名稱和啟動時請求的網址就可以了。

```
class PttGossipingSpider(BasePttSpider):
    # 八卦板
    name = 'ptt_gossiping'
    start_urls = ['https://www.ptt.cc/bbs/Gossiping/index.html']

class PttStockSpider(BasePttSpider):
    # 股票板
    name = 'ptt_stock'
    start_urls = ['https://www.ptt.cc/bbs/Stock/index.html']
```

此時呼叫 `scrapy crawl <spider-name>` 指令，就可以開始爬取這兩個看板的資料了。

```
>>> scrapy crawl ptt_gossiping
>>> scrapy crawl ptt_stock
```

MEMO